ISBN 978-3-00-037098-4

Auflage 4. Auflage - 2013

Marco Löw
Birkach 29
85664 Hohenlinden

Kontakt info@marcoloew.de
Internet www.marcoloew.de

Fotos Photographie Krompass

Zeichnungen Hannes Strasser

Layout Agentur EISS
Internet www.eiss-internet.de

Kriminalistische Glaubwürdigkeits-überprüfung und Befragungstaktik nach dem Marco Löw Befragungs-system.

Inhalt nach Kapiteln

Seite

Inhalt nach Kapiteln

Seite

BEOBACHTE, WIE ER HANDELT, BETRACHTE SEINE MOTIVE UND UNTERSUCHE, WORIN ER SEINE RUHE FINDET. WIE KÖNNTE EIN MENSCH DIR DANN NOCH ETWAS VERBERGEN?

Konfuzius

Wichtige Hinweise

Bibliografische Information der deutschen Nationalbibliothek

Die deutsche Nationalbibliothek verzeichnet diese Publikation in der deutschen Nationalbibliografie; detaillierte bibliografische Daten sind im Internet über www.dnb.de abrufbar.

Urheberrechtsgesetz

Vorwort zum zweiten Band

Durch die Lektüre des ersten Bandes haben Sie sich nun ein fundiertes theoretisches Basiswissen in forensischen Gesprächstechniken erarbeiten können. Idealerweise haben Sie hierbei die Zeit gefunden, um den ersten Band mehrmals durchzuarbeiten und das darin enthaltene theoretische Wissen entsprechend zu verfestigen. Jetzt ist es an der Zeit, Ihr bisheriges Wissen auszubauen und zu vertiefen. Der zweite Band ist Aufbaubuch und Grundlagenbuch zugleich. So wird in diesem Buch einerseits Ihr durch den ersten Band erworbenes Wissen vertieft und ausgebaut, gleichzeitig werden aber auch neue Grundlagen geschaffen. Neben der Erweiterung Ihres bisherigen Wissens ist es auch Intention dieses Buches, eine fundierte Grundlage in der Thematik der Aussagepsychologie und der Manipulation zu schaffen. Es genügt nicht, nur einzelne Wahrnehmungs- und Gesprächstechniken zu beherrschen. Man benötigt darüber hinaus ein fundiertes Grundwissen in der Lügen- und Manipulationspsychologie. Letztlich ist jedes Gespräch eine Art von Manipulationsprozess. Beide Gesprächspartner verfolgen im Dialog eigene Interessen und Ziele. Es kommt daher darauf an, den Gesprächspartner im Sinne der eigenen Zielsetzungen zu lenken und gleichzeitig zu verhindern, von diesem zu Handlungen, Duldungen oder Unterlassungen veranlasst zu werden, die der eigenen Zielsetzung entgegenstehen. In diesem Buch finden Sie weitere 17 Glaubwürdigkeits- und Warnindikatoren des Marco Löw Befragungssystems. Um diese situationsbezogen erfassen und analysieren zu können, ist neben praktischem Training auch die theoretische Verfestigung von enormer Wichtigkeit. Jede Aussage des Gesprächspartners muss in Ihrem Gehirn automatisch einen unbewussten Abgleich mit den Glaubwürdigkeits- und Warnindikatoren bewirken. Dies kann nur durch viel Routine erfolgen und eine solche generiert sich vor allem durch intensives Einprägen und praktisches Training.

Alle meine Bücher wurden so geschrieben, dass sie miteinander kompatibel sind und aufeinander aufbauen. Daher bietet zum Beispiel mein Buch Falle Bewerbungsbetrug zusätzliches, wertvolles Aufbauwissen, welches die Inhalte des ersten und zweiten Bands dieser Buchreihe sinnvoll ergänzt. Ich möchte Sie bitten, beim vorliegenden Werk analog zum ersten Buch vorzugehen. Lesen Sie es nicht einfach bloß als Lektüre, sondern arbeiten Sie es als Arbeitsbuch so lange durch, bis Sie sich sicher sind, die Inhalte dieses Bandes vollständig verinnerlicht zu haben. Es ist wie beim Erlernen einer Fremdsprache: Man muss Schritt für Schritt vorgehen und auf gefestigtem Wissen aufbauen, wenn man erfolgreich sein möchte. Immer wieder werde ich gefragt, warum meines Erachtens das Thema der forensischen Befragungstechniken in der heutigen Wirtschaft so wichtig ist und welche Mitarbeiter darin geschult werden sollten. Die Antwort ist einfach: Wer in der heutigen Wirtschaftswelt durch seine Persönlichkeit hervorstechen und effizient arbeiten möchte, braucht neben bestimmten Charaktermerkmalen vor allem ein überlegenes Maß an variabel einsetzbarer Gesprächskompetenz. Diese basiert auf der Fähigkeit, fundierte Glaubwürdigkeitsbeurteilungen von Gesprächspartnern vorzunehmen, um auf einem soliden Fundament Entscheidungen zu treffen.

Ganz gleich, ob es sich um schwierige Verhandlungen, problematische Mitarbeitergespräche, Gespräche mit verdächtigen Mitarbeitern bzw. Zeugen oder um Bewerbergespräche handelt: Durch fundierte forensische Gesprächskenntnisse kann nahezu jeder seine persönliche Gesprächskompetenz enorm erhöhen und gewinnbringend einsetzen. Ein oft unterschätztes oder gänzlich unbekanntes Problem liegt in der Tatsache, dass das menschliche Gehirn nur ca. 10 Prozent des vollen Umfanges eines Handlungsablaufes wahrnehmen kann. Aufgrund dieser Problematik setzt das Gehirn automatisch Wahrnehmungsprioritäten. Daraus folgt zwangsläufig, dass 90 Prozent der Informationen in den Wahrnehmungsschatten fallen. Der Terminus Wahrnehmungsschatten steht im Marco Löw Befragungssystem für nicht bewusst erfasste Wahrnehmungen. Man kann sich dies ähnlich der Wahrnehmung eines Laubbaumwaldes vorstellen: Wenn Sie vor diesem Wald stehen, dann werden zwar sämtliche Bäume auf die Netzhaut Ihres Auges projiziert, aber Sie nehmen nur den Wald als solchen wahr. Wenn Sie dann vor einem einzelnen Laubbaum stehen, erfasst Ihr Gehirn nur den Baum, nicht aber die einzelnen Blätter, es sei denn, Sie haben Ihren Wahrnehmungsfokus zuvor bewusst geändert. Die meisten Menschen sind jedoch lediglich mit der unbewussten Veränderung des Wahrnehmungsfokus vertraut. Sicherlich haben Sie es schon so oder in ähnlicher Form erlebt: Sie kaufen sich beispielsweise ein neues Auto und nehmen ab diesem Zeitpunkt das gleiche Automodell ständig im Straßenverkehr wahr, obwohl Ihnen dieses Modell zuvor gar nicht so oft aufgefallen ist. Bei der Aneignung forensischer Gesprächskompetenz ist die Fähigkeit, den eigenen Wahrnehmungsfokus gezielt zu ändern, zu beeinflussen und zu steuern, ein wesentliches Erfolgsmerkmal. Aus diesem Grund haben wir diese Thematik bereits im ersten Band angesprochen und führen sie hier weiter. Selbst vermeintliche Kleinigkeiten, wie die barrierefreie Konversation (ohne Tisch o.ä. Sichtschutz), bewirken hierbei oft beträchtliche Unterschiede in den Wahrnehmungsmöglichkeiten. Wahrnehmung findet aber über alle Sinnesorgane und nicht nur über die Augen statt. Sie nehmen Ihr Gegenüber taktil (Händedruck), auditiv (Stimme), olfaktorisch (Körpergeruch, Parfüm) und visuell durch Ihren Sehnerv wahr. Auch in diesem Kontext spielen der Wahrnehmungsfokus und dessen gezielte Veränderung, welche durch Beeinflussung der Prioritätensetzung des Gehirns geschieht, eine entscheidende Rolle.

So hilfreich und sinnvoll Werke wie diese Buchreihe auch sind, so unentbehrlich ist praktisches Training unter kompetenter Anleitung. Genauso wenig, wie man Karatemeister durch die Lektüre eines Karatebuches wird, kann man allein durch das Lesen eines Ratgebers in kriminalistischer Befragungstechnik ein forensischer Befragungsexperte werden. Trotzdem nützt auch das beste praktische Training nichts ohne entsprechenden fundierten theoretischen Unterbau. Ihnen, werte Leserinnen und Leser, einen bestmöglichen theoretischen Unterbau zu liefern, war meine Intention bei der Konzeption dieser Buchreihe. In diesem Sinne möchte ich Sie nicht länger auf die Folter spannen, sondern Ihnen viel Spaß, Kurzweil und interessante Erkenntnisse durch die Lektüre dieses Buches wünschen.

Herzlich,

Marco Löw

1.Forensische Befragungstechniken:
3.So schützen sie sich
Bewerbungsbetrug:
LÖW & PARTNER

Urinstinkte, Verhaltensauffälligkeiten und Prinzipien

Die drei archaischen Urinstinkte des Menschen:

- → Erstarren
- → Flucht
- → Kampf

Ebenso wie in der Tierwelt ist auch das limbische System des Menschen auf die drei Überlebensstrategien Erstarren, Flucht und Kampf ausgelegt. Diese Verhaltensoptionen jedes Menschen sind auch bei stressverursachenden Lügen bzw. bei als bedrohlich empfundenen Fragen zu beobachten.

Wenn also das Gehirn Ihres Gesprächspartners eine Frage als bedrohlich einstuft, reagiert dieser mit einer dieser drei Verhaltensweisen. Je besser sich ein Lügner im Griff hat, desto unauffälliger werden diese Verhaltensweisen zu Tage treten. In den meisten Fällen sind diese Verhaltensweisen aber für das geschulte Auge gut zu erkennen.

Erkennen von Schocksignalen/ Erstarrung

Sobald Ihr Gesprächspartner eine Frage als bedrohlich empfindet, sind drei Reaktionen denkbar. Eine mögliche Reaktion ist die Erstarrung bzw. der Schock, der sich zur Schockstarre steigern kann. In der frühen Menschheitsgeschichte war es oft notwendig, sich durch Erstarren vor wilden Tieren zu schützen, wenn Flucht oder Kampf aussichtslos erschienen.

Da viele Raubtiere auf Bewegungsreize reagieren, war die Erstarrung eine von mehreren erfolgreichen Strategien, die unseren Vorfahren so manches Mal die Haut retteten. Noch heute gibt es zahlreiche Situationen, bei denen wir Menschen automatisch auf dieses schützende Verhaltensmuster zurückgreifen. Dies gilt beispielsweise bei der Begegnung mit Wespen oder aggressiven Hunden. Gerade bei Wespen ist die Erstarrung eine der besten Schutzmaßnahmen, vorausgesetzt, es gelingt, dabei innerlich ruhig zu bleiben, da Wespen Angst wahrnehmen können. Greift man bei der Abwehr von Wespen auf andere Maßnahmen zurück, wie beispielsweise panisches Weglaufen, Tötung oder Wegpusten der Wespe, so geht dies meistens schief. Im Falle der Tötung kann die sterbende Wespe mittels Botenstoffen ihre Artgenossen alarmieren und herbeiholen. Versucht man, eine Wespe wegzublasen, kann das in der Atemluft enthaltene Kohlendioxid die Wespe in Alarmbereitschaft setzen. In den letzten Jahren gab es weltweit eine Reihe schrecklicher Amokläufe. Auch bei Bedrohungen solchen Ausmaßes ist zu beobachten, dass die bedrohten Menschen situationsbedingt auf eine der drei Verhaltensweisen zurückgreifen. Unser Gehirn wägt ab, welche der drei Schutzmaßnahmen unter den gerade gegebenen Umständen am erfolgsversprechenden ist. Sowohl Erstarren als auch Totstellen erwiesen sich oft als Lebensretter, da der Täter seinen Fokus, ähnlich einem Raubtier, auf Bewegungsreize ausgerichtet hatte. Das bedrohte Opfer fiel durch die Schockstarre in den Wahrnehmungsschatten des Täters und überlebte aufgrund dessen.

MAN KANN SEIN GEWISSEN BETRÜGEN, ABER NICHT TÄUSCHEN.

Johann Wolfgang von Goethe

Häufige Schocksignale

- → Zurückziehen eines Fußes oder beider Füße
- → Zurückziehen eines Armes oder beider Arme
- → Zurückrutschen im Stuhl
- → Zurückrutschen mit dem Stuhl
- → Vorübergehendes Einstellen der Gestik
- → Vorübergehendes Einstellen der Mimik
- → Vorübergehendes Einstellen des Sprechens
- → Regungsloses Verharren

Erkennen von Fluchtsignalen

Wenn ein wildes Tier oder ein gegnerischer Krieger in der Urzeit einen Menschen aufgespürt hatte, so gab es für diesen nur zwei mögliche Verhaltensweisen: Flucht oder Kampf. Wie bereits besprochen wurde, ist kein Mensch in der Lage, all seine vielfältigen Kommunikationskanäle gleichzeitig zu kontrollieren. Achten Sie daher auf Fluchtsignale Ihres Gesprächspartners in dessen verbaler und nonverbaler Sprache. Auch im alltäglichen Leben, ob privat oder beruflich, sind Fluchtsignale oft zu beobachten. Wenn wir beispielsweise auf einer Party oder Veranstaltung angesprochen und in ein Gespräch verwickelt werden, so ist es wesentlich häufiger der Fall, dass wir vor dem Gespräch in irgendeiner Form flüchten, als dem Gesprächspartner klipp und klar zu sagen, dass wir uns nicht mit ihm unterhalten möchten. Gerade Frauen sind Meisterinnen in subtilen Verhaltensweisen. Viele Männer haben im Laufe ihres Lebens bereits die leidige Erfahrung gemacht, eine Frau angesprochen zu haben, wobei diese sich durch Flucht entzog, weil ihr der Mann nicht zusagte. Dabei ist es egal, ob die Frau angeblich dringend eine Freundin anrufen oder gleich noch bei ihrer Mutter vorbeischauen muss; das Verhaltensprinzip dahinter ist immer die Flucht.

Gerade auf Partys oder Veranstaltungen ist oft zu beobachten, dass ein Gesprächspartner die nächstbeste Gelegenheit ergreift, um möglichst unauffällig Kontakt zu anderen Personen zu suchen und damit dem unangenehmen Gespräch zu entgehen. Man könnte das unbegründete Weglaufen als unhöflich oder feige bezeichnen oder aber einen guten Stil darin erkennen, weil eine direkte Konfrontation vermieden wurde. Ganz gleich, wie man dieses Verhalten bewertet: Fakt ist jedoch, dass das limbische System uns dazu veranlasst, in den meisten Fällen die Schutzverhaltensmuster Erstarren, Flucht und Kampf anzuwenden. Der Kampf ist dabei immer das letzte Mittel, wenn die anderen Schutzverhaltensmuster versagt haben. Ein Beispiel, welches sicherlich jeder aus eigener Erfahrung kennt, ist eine Begegnung mit dem Ex-Partner in einem ungünstigen Moment. Der erste Gedankengang dürfte zumeist lauten: „Hoffentlich sieht er/sie mich nicht.“ Dieser Gedankengang löst automatisch Erstarrung aus. Als zweiter Gedanke könnte folgen: „Ich fürchte, er/sie hat mich gesehen. Ich muss hier weg.“ Daraufhin erfolgt die Flucht. Erst wenn die direkte Begegnung unvermeidlich ist, wenn also weder Erstarren noch Flucht erfolgreich waren, kann es zu einer konfrontativen Ansage kommen, durch die dem unliebsamen Gesprächspartner klargemacht wird, dass seine/ihre Gesellschaft im Augenblick nicht erwünscht ist.

Häufige Fluchtsignale

- → Füße des Gesprächspartners richten sich in Richtung Türe
- → Blickrichtung des Gesprächspartners Richtung Türe
- → Körperhaltung ist so geneigt, als wolle der Gesprächspartner aufstehen
- → Füße heben sich zum Aufstehen
- → Hilfesuchender Blick zu anderen anwesenden Personen
- → Plötzliche Bitte, die Toilette aufsuchen zu dürfen
- → Plötzliche Bitte um Raucherpause
- → Plötzliches Erinnern an einen sehr dringenden Termin
- → Plötzlicher Versuch, das Gesprächsthema zu wechseln

Erkennen von plötzlichen Kampfsignalen

Wenn unsere Vorfahren von einem Gegner entdeckt worden waren und eine Flucht nicht möglich erschien, so waren sie gezwungen zu kämpfen. Der Kampf war ihre letzte Chance, eine gewaltsame Konfrontation mit einem Feind oder wilden Tier zu überstehen, unabhängig davon, wie groß die Chancen waren, zu siegen. Bei ertappten Lügnern verhält es sich genauso: Wenn alle

Stricke gerissen sind, dann suchen sie oftmals ihr Heil im Angriff bzw. der Vorwärtsverteidigung. Heutzutage stellen echte Kämpfe in Form körperlicher Auseinandersetzungen die Ausnahme dar. Kämpfe werden in unserer Gesellschaft zumeist verbal in Form von hitzigen Diskussionen oder Streitereien ausgetragen. Oft werden Streitigkeiten von Gesprächspartnern begonnen, denen die Argumente ausgegangen sind. Diese Verhaltensweise ist sowohl im Berufsalltag als auch im Privatleben bei Partnerschaftsstreitigkeiten wahrzunehmen. Dies gilt zumeist dann, wenn Fluchtreaktionen, wie beispielsweise das Thema zu wechseln, nicht erfolgsversprechend sind, weil der Gesprächspartner auf einer weiteren Auseinandersetzung mit der gerade besprochenen Thematik besteht.Die Tatsache, dass das limbische System immer wieder automatisch und für den Menschen unbewusst versucht, auf eines der drei Verhaltensmuster zurückzugreifen, konnte ich für eine sehr effiziente manipulative Taktik in meiner Zeit als Vernehmungsexperte bei der Kriminalpolizei nutzen. Ich habe das Gespräch immer so gesteuert, dass ich zunächst alle drei Denkmusterprozesse des Beschuldigten bei der Vernehmung ausschaltete. Im ersten Schritt machte ich ihm klar, dass er nicht umsonst als Beschuldigter und nicht als Zeuge von mir vernommen wird. Dies geschah meist bereits durch eine entsprechende Vorladung zum Vernehmungstermin. Dem Täter war also bereits im Voraus klar, dass er von der Polizei respektive mir erkannt worden war. Im zweiten Schritt versuchte der Beschuldigte in der Vernehmung natürlich, mich von seiner Unschuld zu überzeugen und gleichzeitig bei unangenehmen Fragestellungen durch Ausweichantworten oder ähnliche Verhaltensweisen einer Festlegung auf bestimmte Sachverhalte zu entgehen. Auch da machte ich ihm durch taktische Gesprächsführung und -steuerung klar, dass eine Flucht zwecklos wäre und ich ihn festzunageln gedachte. Danach erfolgte meist der Gegenangriff in Form von Drohungen (Aufsichtsbeschwerde etc.) oder dem Vorwurf mangelnder Kompetenz o.ä. In dieser Phase kommt es darauf an, selbstsicher und souverän zu bleiben und dem Gesprächspartner gegenüber entsprechend aufzutreten. Die Kunst besteht darin, dem Befragten in dieser Phase ganz deutlich und sachlich klarzumachen, dass all seine Angriffe nichts nützen, durchschaut werden und ihn höchstens noch tiefer in die Sache reinreiten. Sobald der Befragte das realisiert, setzt bei ihm oftmals eine Phase der Resignation ein. Genau in diesem Moment begann ich, dem Beschuldigten goldene Brücken zu bauen und seinem limbischen System zu signalisieren, Flucht wäre gegenwärtig die beste Option (sofortiges Gesprächsende und gleichzeitige Schadensbegrenzung durch ein Geständnis). Dies zeigte in den meisten Fällen Wirkung.

Häufige Kampfsignale

- → Unterbrechung des Gesprächspartners
- → Deutliches Erheben der Stimme
- → Verbale Gegenangriffe
- → Aggressiver Versuch, das Thema zu wechseln
- → Versuch, dem Gesprächspartner das Wort im Mund umzudrehen
- → Versuch, den Gesprächspartner vor anderen lächerlich zu machen
- → Lautstarke Empörung über das vom Gesprächspartner Gesagte
- → Beleidigen des Gesprächspartners

Verhaltensauffälligkeiten

Verhaltensweisen der Selbstberuhigung

Verhaltensweisen der Selbstberuhigung dienen dazu, den Stresspegel wieder zu senken. Fast jeder kennt zum Beispiel die Situation, vor einem unangenehmen Gespräch oder vor einer Rede noch einmal tief durchzuatmen oder die Toilette aufzusuchen.

Da Stress immer eine Ursache hat, gilt es, diese herauszufinden. Die Blasenentleerung hatte übrigens in der Urzeit den Zweck, unsere Vorfahren schneller weglaufen zu lassen. Versuchen Sie mal, mit voller Blase zu rennen!

Merksatz:

Wenn ein zuvor entspannter Gesprächspartner bei bestimmten Fragen Gesten der Selbstberuhigung durchführt, lohnt es sich immer, genau an dieser Stelle weiter nachzubohren. Wenn Sie die Ursache der Stressauslösung finden, erhalten Sie weitere wertvolle Erkenntnisse für die Sachverhaltsklärung!

Verhaltensweisen der Selbstberuhigung werden von den meisten Menschen nicht bewusst wahrgenommen. Dies gilt sowohl für den Gesprächspartner, der diese Gesten macht, als auch für sein Gegenüber. Ganz im Gegensatz zu Ihnen, denn Sie sind durch die bisherige Lektüre dieser Buchreihe schon nachhaltig für dieses Thema sensibilisiert!

Wie bereits im ersten Band angesprochen wurde, sollte das Gespräch unbedingt barrierefrei ablaufen. Wenn sich Ihr Gesprächspartner zumindest teilweise hinter einem Tisch verbergen kann, dann nehmen Sie zwangsläufig einen Großteil der Selbstberuhigungs-Gestik gar nicht wahr. So verpassen Sie die entscheidenden Momente, in denen Sie gesprächstaktisch nachbohren müssten. Verpasste Gelegenheiten kommen oft nicht wieder und daher kann allein dieser Faktor entscheidend sein, ob Sie mit Ihrer Gesprächsführung erfolgreich sind oder nicht. Durch die bisherige Lektüre dieser Buchreihe haben Sie sich bereits eine gute Vorstellung davon machen können, auf wie vielen verschiedenen Kanälen Ihre Gesprächspartner mit Ihnen kommunizieren und wie vielfältig die Möglichkeiten sind, Ihre Gesprächspartner unbemerkt optimal wahrnehmen und analysieren zu können. Vollausgebildete forensische Befragungstaktiker sind Meister in Wahrnehmung und Gesprächstaktik. Durch ihre sensiblen Antennen und ausgeklügelte Fragetaktik stellen sie ihren Gesprächspartnern fortwährend direkte und indirekte Fallen.

Ideomotorische Bewegungen

Das Denken an eine bestimmte Bewegung oder das Beobachten einer solchen, kann eine Tendenz zur Auslösung eben genau dieser Bewegung bewirken. Dieses Phänomen nennt man den Carpenter-Effekt bzw. den ideomotorischen Effekt. Der Carpenter-Effekt verdankt seinen Namen dem englischen Naturwissenschaftler William Benjamin Carpenter (1813-1885), der diesen Effekt zum ersten Mal im Jahre 1852 der Wissenschaft vorstellte.

Wer bereits ein Pkw-Sicherheitstraining mitgemacht hat, der hat den Carpenter-Effekt sicherlich live erlebt. Eine Aufgabe des Basis-Pkw-Sicherheitstrainings besteht darin, mit dem Pkw durch zwei Pfosten zu fahren, wobei diese nur geringfügig weiter auseinanderstehen, als das Auto breit ist. Wer nun beim Hindurchfahren an einen der Pfosten denkt oder einen Pfosten ins Auge fasst, der fährt garantiert dagegen. Nur das sture Geradeausblicken ermöglicht die erfolgreiche Bewältigung dieser Aufgabe.

Darüber hinaus liegt im Carpenter-Effekt die Ursache vieler Verkehrsunfälle, bei denen der Fahrer scheinbar unerklärlicherweise das Steuerrad herumriss, weil er unbewusst die Lenkbewegung seiner Blickrichtung anpasste. So kam es nicht selten zu absurden Unfällen, bei denen das Fahrzeug in einer Kurve ins Schleudern geraten war und der Fahrer gegen den einzigen Baum fuhr, der weit und breit vorhanden war. Die Angst, gegen genau diesen Baum zu prallen, lenkte Gedanken und Blickrichtung des Fahrers auf eben genau dieses Hindernis. Diese ideomotorischen Bewegungen treten teilweise sehr latent zu Tage, sind aber für einen aufmerksamen Beobachter durchaus wahrnehmbar.

Viele okkulte Praktiken wie z.B. Pendeln und Gläserrücken werden wissenschaftlich mit dem Carpenter-Effekt erklärt. Wenn der Gesprächspartner unter Stress gerät, sich in seiner Haut nicht mehr wohlfühlt und am liebsten den Raum verlassen möchte, dann ist oft der Carpenter-Effekt zu beobachten. Die ideomotorischen Bewegungen zeigen sich dann beispielsweise dadurch, dass der innere Wunsch des Befragten, den Raum zu verlassen, zu einer Reaktion der Füße oder Augen führt. Der aufmerksame Beobachter kann dabei wahrnehmen, wie sich ein Fuß oder beide Füße leicht in Richtung Ausgang richten oder der Befragte, zumindest für einen kurzen Augenblick, plötzlich in Richtung Ausgang blickt.

In diesem Zusammenhang ist natürlich zu beachten, dass sich der Blick des Gesprächspartners auch durchaus einmal grundlos zur Tür richten kann oder die befragte Person aus Bequemlichkeitsgründen von Zeit zu Zeit eine Sitzpositionsänderung vornimmt, welche auch die Fußposition verändern kann. Sie als treuer Leser wissen aber, dass es immer auf den Gesamtzusammenhang ankommt.

Merksatz:

Die ideomotorischen Bewegungen sind dann vorhanden, wenn zwischen Denken und Handeln ein unmittelbarer und zeitgleicher Zusammenhang besteht.

Wahrnehmung von Inkongruenz

Inkongruenz bezeichnet die nicht vorhandene Übereinstimmung zwischen Dingen, die eigentlich zusammen gehören. In der professionellen Ausbildung von Spionen achten die Geheimdienste sehr stark darauf, dass sich ihre Agenten stets kongruent verhalten und Inkongruenz bei anderen Personen sofort bemerken.

In der Zeit des Kalten Krieges konnte der Bundesnachrichtendienst (BND) immer wieder erfolgreich DDR-Agenten durch inkongruentes Verhalten enttarnen. So verwendeten DDR-Agenten oftmals versehentlich Formulierungen und umgangssprachliche Ausdrücke, die in Westdeutschland unüblich waren. Gleiches gilt auch für gesellschaftliches Verhalten, Kleidungsstil, Freizeitgestaltung, Lieblingsspeisen oder Fahrstil. Vielleicht haben Sie sich schon einmal gewundert, warum Händler in Urlaubsländern jeden Touristen sofort identifizieren können, selbst wenn er aufgrund seiner optischen Erscheinung dem Urlaubsland entstammen könnte. Glauben Sie mir, die Erklärung ist ganz einfach: Irgendeine Verhaltensweise des Touristen passt nicht zu den Bräuchen des Urlaubslandes und wenn es nur eine unübliche Geste ist. Am auffälligsten sind inkongruente Verhaltensweisen zwischen verbaler und nonverbaler Sprache.

Beispiele

- → Lachen und gleichzeitige gedrückte Tonlage
- → Bejahungen und gleichzeitiges angedeutetes oder leichtes Kopfschütteln
- → Verneinungen und gleichzeitiges angedeutetes oder leichtes Nicken
- → Lächeln ohne gleichzeitige Reaktion der Augen
- → Vorgegebenes Selbstbewusstsein und simultane nonverbale Schutzgesten
- → Vorgegebenes Angstgefühl und entspannte Sitzposition
- → Vorgegebenes Wohlsein und gleichzeitige Fluchtsignale
- → Vorgegebene Entspanntheit/Selbstsicherheit und gleichzeitige Beruhigungsgesten

DAS ANTLITZ IST DAS SPIEGELBILD DES GEISTES, DIE AUGEN DESSEN VERRÄTER.

Markus Tullius Cicero

Prinzipien

Nachfolgend stelle ich einige wichtige Regeln in Form von Dreisätzen dar. Die Anlehnung an die Mathematik soll der Verdeutlichung und prägnanten Darstellungsweise dienen. Diese Dreisätze sind inhaltlich für Sie nicht neu, denn ich habe deren Inhalte immer wieder an verschiedenen Stellen des ersten Bandes angesprochen. Da dieses Buch aber primär als praktisches Lernbuch konzipiert ist, helfen Ihnen bestimmte Wiederholungen und Darstellungsweisen bei der schnelleren Aufnahme und Verfestigung des Lernstoffes. Schließlich können Sie ja während der Befragung schlecht nachlesen.

Der Indikatorendreisatz (nach Marco Löw)

- → Warnindikatoren deuten auf die Lüge hin.
- → Glaubwürdigkeitsindikatoren deuten auf die Wahrheit hin.
- → Der dominierende Indikator ist der richtige

Der Lügendreisatz (nach Marco Löw)

- → Lügen = Nachdenken
- → Nachdenken = Zeit
- → Lügen = Nachdenkzeit

Der Wahrheitsdreisatz (nach Marco Löw)

- → Die Wahrheit = im Gedächtnis vorhanden
- → Im Gedächtnis Vorhandenes = spontan abrufbar
- → Wahrheit = kann spontan abgerufen werden, da im Gedächtnis vorhanden

Ausnahmen

- → Das Ereignis liegt schon lange zurück!
- → Das Ereignis wurde vom Befragten nur oberflächlich wahrgenommen.

DURCH SEINE FEHLER VERRÄT SICH
DER MENSCH.
BEOBACHTE SEINE FEHLER, DANN LERNST
DU IHN KENNEN.

Konfuzius

Die 17 Schritte zur Glaubwürdigkeitseinschätzung

1. Vorermittlungsrecherchen
2. Feststellung des Normalzustandes von Gesprächspartnern
3. Beurteilung der allgemeingültigen Körpersprachsignale
4. Erkennen von Verhaltensabweichungen
5. Erkennen von Verhaltensweisen der Selbstberuhigung
6. Erkennen von verbalen Warnindikatoren
7. Erkennen von verbalen Glaubwürdigkeitsindikatoren
8. Erkennen von Schocksignalen
9. Erkennen von Fluchtsignalen
10. Erkennen von plötzlichen Kampfsignalen
11. Erkennen von Inkongruenz
12. Erkennen von Kontrollverlusten beim Lügen
13. Erkennen und Abwehr von Manipulation
14. Anwendung von Manipulation
15. Anwendung von Fragetechniken zur Gesprächssteuerung

16. Anwendung von Fragetechniken zur Lügenüberführung
17. Kenntnis und Erkennen von psychologischen Verhaltensmustern bei Lügnern

Die 17 goldenen Regeln zur Glaubwürdigkeitseinschätzung

1. Verhaltensweisen der Selbstberuhigung, Verhaltensabweichungen und sonstige Verhaltensauffälligkeiten haben alle eine Gemeinsamkeit: Sie deuten nicht direkt auf eine Lüge, sondern auf Stress hin!
2. Lügen verursacht Stress!
3. Plötzlich auftauchender Stress beim Gesprächspartner legt den Verdacht nahe, dass irgendetwas nicht stimmt. Irgendetwas scheint ihn zu beunruhigen!
4. Wenn Sie plötzliche Stresssignale feststellen, dann bohren Sie konsequent nach!
5. Durch konsequentes Nachbohren bei plötzlichen Stresssignalen findet man sowohl die Wahrheit als auch die Lüge!
6. Ermitteln Sie immer zuerst den Normalzustand Ihres Gesprächspartners, um Verhaltensabweichungen und Verhaltensweisen der Selbstberuhigung gut zu erkennen.
7. Wenn Sie Stresssignale bei Ihrem Gesprächspartner feststellen, dann fragen Sie sich, welche Gründe es haben könnte, dass genau diese Frage den Stress ausgelöst hat.

8. Indem Sie Ihren Gesprächspartner auf gezeigte Stresssignale ansprechen, können Sie den Stress bei ihm noch weiter erhöhen und die weiteren Reaktionen beobachten bzw. ihn von Ihrer Überlegenheit überzeugen.
9. Provozierte Stresserhöhungen sollten keinesfalls eingesetzt werden, bevor Sie sich nicht sicher sind, den wunden Punkt der Argumentation gefunden zu haben.
10. Sie müssen einzelfallbezogen nach taktischen Erwägungen entscheiden, ob Sie den Gesprächspartner unauffällig analysieren oder ihn auf Ihre Analyseergebnisse ansprechen.
11. Achten Sie darauf, welche Körperteile bei Verhaltensweisen der Selbstberuhigung involviert sind. Es ist wahrscheinlich, dass diese auch im weiteren Gespräch aufschlussreiche Feststellungen zulassen.
12. Verhaltensweisen der Selbstberuhigung können sowohl bestimmte Körperteilbewegungen als auch Gegenstandsbewegungen sein (z.B. Hände abwischen, Krawatte richten, auf Kugelschreiber kauen, Krawatte oder Hemdkragen richten etc.).
13. Finden Sie die möglichen Lügenmotive und Rechtfertigungsdenkweisen heraus!
14. Stimmen Sie die Befragungstaktik auf Motive und Rechtfertigungen ab!

15. Beachten Sie den Indikatorendreisatz!
16. Beachten Sie den Lügendreisatz!
17. Beachten Sie den Wahrheitsdreisatz!

Die 17 häufigsten Verhaltens-abweichungen

A = Normalzustand, B = Jetztzustand

A: Langsame Sprechgeschwindigkeit
B: Schnelle Sprechgeschwindigkeit

A: Schnelle Sprechgeschwindigkeit
B: Langsame Sprechgeschwindigkeit

A: Ausführliches Antwortverhalten
B: Knappe Antworten

A: Entspannte Gesichtszüge
B: Verkrampfte Gesichtszüge, Stirnfalten

A: Langsame Armbewegungen
B: Schnelle Armbewegungen

A: Entspannte Sitzposition
B: Verkrampfte Sitzposition

A: Füße fest am Boden
B: Füße wippend oder angehoben

A: Häufiger Einsatz von Mimik und Gestik
B: Zurückhaltende Mimik und Gestik

A: Gleichbleibende Tonlage
B: Wechselnde Tonlage

A: Klare Stimme
B: Belegte Stimme

A: Erkennen von Wohlfühlgesten
B: Ausbleiben von Wohlfühlgesten

A: Blickrichtung zum Gesprächspartner
B: Abschweifender Blick

A: Unterschiedliche Blickrichtungen
B: Fixierender Blick

A: Normale Blinzelfrequenz
B: Erhöhung der Blinzelfrequenz

A: Echtes Lächeln
B: Falsches Lächeln

A: Entspannte Lippen
B: Verkrampfte Lippen

A: Konstante Gesichtsfarbe
B: Erröten und Erblassen

Die 17 häufigsten Verhaltensweisen der Selbstberuhigung

1. (Schwitzende) Hände abwischen
2. An einem Gegenstand kauen
3. Mit einem Gegenstand spielen
4. Kaugummi kauen
5. Kaubewegungen ohne Nahrungsmittel
6. Beim Rauchen tiefer als normal inhalieren
7. Krawatte zurechtziehen
8. Krawattenknoten/Hemdkragen lockern
9. Mit der Hand/den Händen über Körperteile streichen (Gesicht, Nacken usw.)
10. Tiefes Atmen
11. Hände auf den Genitalbereich legen
12. Mit den Händen spielen
13. Mit den Haaren spielen
14. Mit den Füßen spielen/aneinander reiben
15. Wiederholte Schluckbewegungen
16. Pfeiftöne
17. Hände während des Gespräches in die Hosentaschen stecken

Die 17 speziellen Glaubwürdigkeitsindikatoren

18. Schnelles Sprechen

Menschen, die in kriminalistischer Wahrnehmung nicht geschult sind, neigen oft zur Vermutung, schnelles Sprechen sei ein Hinweis auf eine lügende Person. Abgesehen von bestimmten Ausnahmesituationen ist jedoch das Gegenteil richtig.

Lügen müssen konstruiert werden und das benötigt Zeit. Schnelles Sprechen ist daher auf Dauer nur möglich, wenn die gesprochenen Informationen lediglich aus dem Gedächtnis abgerufen und nicht erst konstruiert werden müssen. Gleichzeitig zu konstruieren und schnell zu sprechen, ist kognitiv nicht möglich. Allerdings trifft dieser Indikator nur dann zu, wenn der Befragte mit der Art der Fragen nicht rechnen und sich nicht entsprechend vorbereiten konnte! Hatte er jedoch die Chance, sich auf die wesentlichen Fragen vorzubereiten, könnte schnelles Sprechen ein Zeichen für Nervosität sein. In diesem Fall besteht für den Befragten auch die Möglichkeit, das vorbereitete Lügenkonstrukt aus dem Gedächtnis abzurufen und damit den gleichen Zeitvorteil zu haben, wie der wahrheitsgemäß Aussagende. Im Zweifelfall muss durch spezielle kriminalistische Fragentechniken wie Nebensächlichkeits- oder Nachsetzfragen geklärt werden, ob er auch bei unvorhersehbaren Gesprächsverläufen sein schnelles Redetempo beibehalten kann.

Wie bereits im ersten Band angesprochen, gibt es hinsichtlich des schnellen Sprechens noch weitere wichtige Punkte zu beachten, beispielsweise ob der Befragte ein introvertierter oder extrovertierter Mensch ist, von Haus aus schnell spricht oder einfach eine gewisse Anfangsnervosität zu Gesprächsbeginn an den Tag legt. Nicht umsonst habe ich mehrfach betont, wie extrem wichtig ein professionell geführtes Vorgespräch ist. Schnelles Sprechen wird natürlich immer dann zum Warnindikator, wenn es sich dabei um eine plötzliche Inkongruenz zum bisherigen Gesprächsverlauf handelt. Wenn der Befrag- te die ganze Zeit ruhig gesprochen hat und sich dies bei einer bestimmten Fragestellung plötzlich ändert, dann ist Vorsicht geboten! All dies ändert aber nichts an der grundsätzlichen Tatsache, dass sich schnelles Sprechen und gleichzeitiges Nachdenken prinzipiell ausschließen, weshalb schnelles Sprechen an sich als Glaubwürdigkeitsindikator eingestuft werden muss.

Nicht umsonst spielt schnelles Sprechen auch im sogenannten Kreuzverhör eine entscheidende Rolle (siehe

Band 1). Durch einen schnellen Themenwechsel und zügig aufeinanderfolgende Fragen wird der Befragte zum schnellen Sprechen gezwungen. Die Intention ist hierbei, den Gesprächspartner dazu zu bringen, die gestellten Fragen spontan zu beantworten (siehe hierzu auch die Erklärungen zum Glaubwürdigkeitsindikator Standhalten bei Zickzack-Befragungen).

19. Standhalten bei Zickzack-Befragungen

Sprunghaftigkeit in der Erzählweise kommt bei Lügnern aufgrund kognitiver Überforderung praktisch nicht vor. Bei diesem Glaubwürdigkeitsindikator geht es darum, durch entsprechende taktische Gesprächssteuerung eine sprunghafte Erzählweise zu erzwingen. Ein Klassiker ist hierbei das Kreuzverhör. Ein Lügner ist kognitiv mit gleichzeitigem Konstruieren von Lügen und ständigem Themenwechsel sowie Gesprächssprüngen überfordert. Man kann folglich davon ausgehen, dass eine sehr hohe Glaubwürdigkeitswahrscheinlichkeit gegeben ist, wenn der Befragte in der Lage ist, sämtliche Fragen auch bei ständigen Sprüngen im Gesprächsverlauf flüssig und widerspruchsfrei zu beantworten (siehe hierzu auch den Glaubwürdigkeitsindikator Schnelles Sprechen).

20. Konstanz in der Sprechgeschwindigkeit

Bei absoluter Entspanntheit ändert sich die Sprechgeschwindigkeit während der Antwort auf eine Frage nicht. Nicht alle Gesprächspartner sind entspannt genug für eine dauerhafte Sprechgeschwindigkeitskonstanz. Die Abgrenzung zum Warnindikator Abweichung im allgemeinen Wahrnehmungsindikator besteht darin, dass bei diesem die Sprechgeschwindigkeit bei der Antwort auf einzelne Fragen im Verhältnis zu den übrigen Antworten abweicht. Eine grundsätzliche Schwankung in der Sprechgeschwindigkeit ist aber durchaus normal. Wenn eine solche Schwankung jedoch nicht vorhanden ist, spricht das für ein hohes Maß an Entspanntheit ihres Gesprächspartners. Dies könnte zwar auch auf ein hohes Maß an Konzentration hindeuten, jedoch würde dann aber der Gesprächspartner (deutlich wahrnehmbar) nicht authentisch wirken.

21. Dauerhafte Konstanz in der Sprechgeschwindigkeit

Manche Menschen behalten während des gesamten Gespräches eine konstante Sprechgeschwindigkeit bei. Dies ist als ein Zeichen dauerhafter Entspanntheit zu werten. Allerdings darf nicht umgekehrt geschlossen werden, dass ein Warnindikator vorliegt, wenn eine solche Entspanntheit nicht gegeben ist. Bei Menschen, die derart entspannt sind, liegt keinerlei oder kaum Nervosität vor. Der Gesprächspartner geht davon aus, nichts befürchten zu müssen. Zwei verschiedene denkbare Ursachen existieren dabei: Entweder hat der Gesprächspartner aus seiner Sicht wirklich nichts getan, was er verborgen halten müsste, oder aber er ist ausgesprochen arrogant und glaubt nicht, dass der Interviewer ihm in irgendeiner Weise gefährlich werden könnte. Dem Gesprächspartner diese falsche Sicherheit zu nehmen, ist eine Sache der richtigen Fragetaktik. Daher kann ich nur immer wieder betonen, dass es nicht genügt, einen Gesprächspartner gut zu beobachten – wie im Übrigen in gängigen Seminaren zur Körpersprache gerne suggeriert wird. Vielmehr kommt es darauf an, Wahrnehmung und Fragetaktik als Team homogen zusammenarbeiten zu lassen. Nur so ist eine überlegene Gesprächskompetenz und fundierte Glaubwürdigkeitseinschätzung möglich.

22. Konstanz in der gesamten Sprechdauer

Der Glaubwürdigkeitsindikator der Sprechdauer darf nicht mit den Glaubwürdigkeitsindikatoren verwechselt werden, welche die Sprechgeschwindigkeit betreffen. Aufgrund unterschiedlicher Charaktermerkmale und Kommunikationsgewohnheiten antworten verschiedene Menschen auch verschieden lange (z.B. ausführlich, normal, wortkarg usw.). Wenn die Sprechdauer im Verhältnis zum Anforderungsgrad der Frage (Komplexität, Niveau, fachliche Anforderungen o.ä.) bei allen Fragen vergleichbar lange ausfällt, ist dies ein weiterer Indikator für Entspanntheit. Es sind jedoch durchaus nicht alle Menschen dazu in der Lage, dauerhaft konstant zu sprechen. Mit zunehmender Gesprächsdauer ist eine gewisse Schwankungsbreite normal. Wenn sie aber nicht auftritt, dann liegt zusätzlich dieser Glaubwürdigkeitsindikator vor. Die Abgrenzung zum Warnindikator Abweichung im allgemeinen Warnindikator besteht hier darin, dass beim genannten Warnindikator einzelne Antworten von der Sprechdauer her im Verhältnis zu allen übrigen Antworten eine auffällige Sprechdauerveränderung aufweisen.

23. Dauerhaft ruhiger Tonfall

Dieser Indikator trifft zu, wenn der Gesprächspartner während des gesamten Gespräches einen ruhigen Tonfall zeigt. Dies gilt vor allem für das Hauptgespräch, da im Vorgespräch eine gewisse Nervosität normal ist.

24. Konstante Sachlichkeit

Der Befragte bleibt während des gesamten Gespräches sachlich in seiner Argumentationsweise. Begründungen und Erklärungen zu gestellten Sachverhalten und Fragen erfolgen während des gesamten Gesprächsverlaufes in einem ruhigen, sachlichen Ton.

25. Kongruenz zwischen Körpersprache und Verbalsprache

Wie bereits besprochen, ist es uns Menschen kaum möglich, uns während des Lügens so zu verstellen, dass unsere Körpersprache zu unseren gelogenen verbalen Äußerungen stets stimmig ist. Hierfür müssten wir zu viele Kommunikationskanäle auf einmal perfekt kontrollieren können und das ist nicht möglich. Wenn während des gesamten Gesprächsverlaufes stets eine Kongruenz zwischen nonverbaler Sprache und verbaler Sprache besteht, liegt dieser Glaubwürdigkeitsindikator vor.

26. Unaufgeforderte Festlegungen bei problematischen Sachverhalten

Professionelle Lügner vermeiden es so gut wie möglich, sich bei Aussagen konkret festzulegen. Für den Fall widerlegt zu werden, halten sie sich so die Möglichkeit offen, ihre Aussagen zu relativieren, zurückzunehmen, anzugeben, sich missverständlich ausgedrückt zu haben, oder dem Gesprächspartner vorzuhalten, dieser habe die gemachten Angaben falsch verstanden. Wenn nun bei problematischen Sachverhalten (beispielsweise zählt der Gesprächspartner zum Kreis der Verdächtigen) freiwillig Festlegungen erfolgen, beraubt sich der Befragte selbst der o.g. Möglichkeiten. Allerdings ist in bestimmten Situationen Vorsicht geboten: Bei intellektuell schwachen Gesprächspartnern, welche die Selbstfestlegung ggf. nicht bemerken, bei einfach zu überblickenden Sachverhalten und bei vorbereiteten Lügen.

27. Standhalten bei den taktischen Fragearten

Spätestens seit der Veröffentlichung der sogenannten Vergessenskurve durch den berühmten deutschen Psychologen Hermann Ebbinghaus sowie dessen Forschungen im Gebiet der menschlichen Merkfähigkeit wissen wir, dass wir Menschen Informationen nur begrenzt aufnehmen können und bereits nach zwanzig Minuten einen Großteil wieder vergessen haben. Bei den Wiederholungsfragen handelt es sich insbesondere bei lang anhaltenden oder komplexen Gesprächsverläufen um eine effiziente Taktik der Lügnerüberführung. Kaum ein Mensch hat ein so gutes Gedächtnis, dass er sich unter diesen Gegebenheiten alle Fragen, seine darauf gegebenen Antworten, Gesprächsverläufe und Zusammenhänge merken kann. Der wahrheitsgemäß aussagende Befragte kommt auch ohne übermäßig ausgeprägte Merkfähigkeit zurecht, da er die Sachverhalte nicht konstruieren muss. Ein Standhalten der Wiederholungsfragentaktik ist auf Dauer bei einer professionellen taktischen Gesprächsführung nur dem Ehrlichen möglich. Nebensächlichkeitsfragen stellen eine hocheffiziente Befragungsform dar, da der Lügner nicht alle denkbaren Nebensächlichkeiten eines Sachverhalts bedacht und überlegt haben kann. Mit jeder weiteren Nebensächlichkeitsfrage erhöhen Sie drastisch die Wahrscheinlichkeit, dass sich der Befragte aus der Not heraus irgendwelche Antworten ausdenken muss, weil er die Frage in Wirklichkeit nicht oder nicht korrekt beantworten kann. Wird die Befragung über längere Zeit mit Nebensächlichkeitsfragen geführt, so bricht ein Lügengebilde sehr schnell ein. Das souveräne Standhalten der Nebensächlichkeitsbefragung ist daher ein nicht zu unterschätzender Glaubwürdigkeitsindikator.

Die Nachsetzfragentaktik ist die perfekte Frageart, wenn es darum geht, festzustellen, wie tiefgehend vorgegebenes Wissen tatsächlich ist. Durch die laufende Einforderung immer weitergehender Präzisierungen kann der lügende Befragte bei geschickter Gesprächsführung nicht lange durchhalten, ohne sich zu entblößen und seine Lügengeschichte auf dem Präsentierteller zu servieren. Wenn der Befragte jedoch stets in der Lage ist, den Präzisierungen souverän zu folgen und dies von ihm aufgrund des Gesamtsachverhaltes im Falle wahrheitsgemäßer Aussagen auch erwartet werden kann, so liegt dieser Glaubwürdigkeitsindikator vor. Eine geschickt gestellte Verhaltensprovokationsfrage löst beim zu Recht verdächtigen Befragten eine regelrechte innere Schockwelle aus. Ganz im Gegensatz zum unschuldigen Befragten, der im Unterschied zum echten Täter keinen weiteren Sinn in dieser Frageart sehen kann. Der wahre Täter hingegen lebt mit der ständigen Angst, entlarvt zu werden, weshalb bei ihm im Gegensatz zum unschuldigen Befragten die Reaktion entgegengesetzt ausfällt. Neutrale Reaktionen auf Verhaltensprovokationsfragen stellen daher einen Glaubwürdigkeitsindikator dar, da eine täuschende Coolness gegenüber der Frage die perfekte Kontrolle sämtlicher Kommunikationskanäle voraussetzen würde.

28. Aussageübereinstimmung mit Vorwissen

Im Regelfall hat der Befrager bei optimaler Gesprächsvorbereitung immer einen Wissensvorsprung gegenüber dem Befragten. So kann ein Mitarbeiter, der einer dolosen Handlung verdächtigt wird, beispielsweise nicht wissen, wie weit die Ermittlungsfortschritte, der mit der Untersuchung beauftragten Personen, vorangeschritten sind. Er kann daher während des gesamten Gesprächsverlaufes entweder wahrheitsgemäß antworten oder immer wieder Joker setzen. Jeder dieser Joker birgt aber das Risiko, dass die falsche Angabe auffliegt, weil die entsprechende Äußerung konträr zum Vorwissen des Befragers ist. Eine Übereinstimmung der Aussagen des Befragten im gesamten Gesprächsverlauf mit dem Vorwissen des Befragers ist daher ein Glaubwürdigkeitsindikator.

Als Beispiel möchte ich hier die Befragung eines Verdächtigen anführen. Wenn der Befragte der Täter ist, muss er ab einem gewissen Punkt anfangen, falsche Aussagen zu tätigen, soweit er nicht beabsichtigt, seine Täterschaft einzuräumen. Er wird also seinerseits zunächst versuchen, im Dialog herauszufinden, was der Befrager wirklich über ihn und den Sachverhalt weiß. Der forensische Befragungstaktiker wird jedoch seinerseits keinerlei Informationen preisgeben, weder auf verbaler noch auf nonverbaler Ebene. Hinzu kommt, dass sich der Täter in der Befragung mit der im ersten Absatz erklärten Problematik konfrontiert sieht. Bei geschickter Befragungsführung kann der Befragte entweder Festlegungen vermeiden und ausweichend antworten oder aber Joker in Form von falschen Aussagen setzen. Im ersten Fall wird der forensische Befragungstaktiker durch das Auftreten verschiedenster Warnindikatoren gewarnt, im zweiten Fall kann er die Aussagen mit seinem Vorwissen auf Diskrepanzen abgleichen. Bei guter taktischer Befragungsführung wird der Befragte immer wieder auf eines der oben beschriebenen Verhaltensmuster zurückgreifen müssen. Im Falle eines glaubhaften Befragten stellt sich die Problematik nicht. Seine Aussagen stehen nicht konträr zum Vorwissen des Befragers und die genannten Warnindikatoren schlagen ebenfalls nicht an.

29. Aussageübereinstimmung mit glaubhaften Zeugenaussagen

Im ersten Band habe ich erläutert, dass vor den verdächtigen Personen grundsätzlich zunächst alle Zeugen befragt werden müssen, um möglichst viele Informationen zu gewinnen. Liegen nun glaubhafte Zeugenaussagen vor, so ist es wichtig, festzustellen, ob die Aussage eines verdächtigen Befragten dazu im Widerspruch steht. Ist das nicht der Fall, dann liegt dieser Glaubwürdigkeitsindikator vor. Vorsicht ist jedoch vor zu gut zusammenpassenden Übereinstimmungen geboten. Hier könnte ggf. auch ein Komplott im Gange sein. Unsere taktischen Fragearten helfen uns dabei, diesen Glaubwürdigkeitsindikator zu verifizieren oder ein bestehendes Komplott aufzudecken. Wie man Komplotte aufdeckt, habe ich bereits im ersten Band dieser Buchreihe beschrieben. Soweit möglich, wäre aber auch daran zu denken, unbedingt zu verhindern, dass Zeugen von verdächtigen Personen manipulativ beeinflusst werden. Hierzu gibt es verschiedenste Möglichkeiten; eine davon ist beispielsweise, eine von zwei Parteien außerplanmäßig in den Urlaub zu schicken. Als Warnung möchte ich an dieser Stelle ein Erlebnis schildern, welches ich in meiner Zeit als Kriminalpolizist mehrfach miterlebt habe. Ich war als Zeuge vor Gericht geladen. Vor dem Gerichtssaal hatten sich bereits einige Zeit vor der Verhandlung Zeugen und Täter eingefunden. Diese fingen an, untereinander zu kommunizieren und sich damit auch gegenseitig zu manipulieren. Es gibt nicht viel, was für die Wahrheitsfindung schädlicher wäre.

ES IST DIE GEWÖHNLICHSTE UND SCHÄDLICHSTE TÄUSCHUNG, DASS MAN SICH ALLZEIT FÜR DEN EINZIGEN HÄLT, DER GEWISSE DINGE BEMERKT.

Jean Paul

30. Aussageübereinstimmung mit Eigenwissen

Dieser Indikator ist nicht mit dem Glaubwürdigkeitsindikator Aussageübereinstimmung mit Vorwissen zu verwechseln. Das Vorwissen hat sich der Befrager fallspezifisch angeeignet, während es sich beim Eigenwissen um Fachwissen handelt, welches der Befrager von Haus aus mitbringt. Generell ist es immer schwer einzuschätzen, über wie viel Fachwissen ein Mensch genau verfügt. Selbst unter Experten eines bestimmten Wissensgebietes gibt es zum Teil erhebliche Unterschiede. Der Befragte kann also nicht genau wissen, wie viel der Interviewer weiß. Täuschende Befragte sind im Gespräch oft gezwungen, Realitäten zu erfinden oder Folgelügen zu platzieren. Nicht selten wird ihnen dabei das Eigenwissen des Interviewers, mit dem sie nicht gerechnet haben, zum Verhängnis. Stimmen alle Angaben des Befragten mit dem Eigenwissen des Interviewers überein, so ist dies als Glaubwürdigkeitsindikator zu werten. Die Abgrenzung zum Indikator Widerspruchslosigkeit liegt darin, dass es dort auf die Stimmigkeit der Aussage in sich ankommt.

31. Negative Gefühle gegen den Täter

Ein zu Unrecht Verdächtiger bzw. ein Unschuldiger, der zum Kreis der möglichen Tatverdächtigen zählt, wird so gut wie niemals positiv auf den Täter zu sprechen sein. Der Täter hingegen hat von sich selbst durch eine der drei Rechtfertigungsdenkweisen (Rationalisierung, Projektion, Bagatellisierung) kein allzu schlechtes Bild. Er wird also, wenn er indirekt über sich selbst urteilen soll, kein allzu hartes Urteil fällen und keine zu schlechte Meinung haben.

Der unschuldig in Verdacht geratene Befragte wird hingegen eine sehr negative Meinung über den wahren Täter vertreten. Es gibt hierzu drei gut geeignete Fragen um das Vorliegen dieses Indikators zu überprüfen:

- → Was denken Sie über die Person, die das getan hat?
- → Was sollte mit der Person passieren, die das getan hat?
- → Sollte der Täter Ihrer Meinung nach eine zweite Chance bekommen?

Der zu Unrecht im Täterkreis stehende Befragte hat allein durch diesen Umstand eine ganze Menge an Nachteilen zu erleiden, bis die Tat aufgeklärt ist. Oftmals bleibt auch der berühmte Nachgeschmack bestehen und gefährdet weiterhin latent die Reputation des Befragten. Es ist daher als sehr wahrscheinlich anzusehen, dass der zu Unrecht Verdächtige die o.g. Fragen mit einer negativen Geisteshaltung gegenüber dem wahren Täter beantworten wird.

32. Positive Äußerungen des Befragten zur Befragungssituation

Die Befragung einer zum Kreis der Tatverdächtigen gehörenden unschuldigen Person wird von dieser positiv aufgenommen werden, weil die Befragung ihr gleichzeitig auch die Chance bietet, ihre Unschuld zu beweisen und mitzuhelfen, den wahren Täter zu ermitteln. Ich meine damit allerdings nicht, dass sich eine verdächtigte, aber unschuldige Person darüber freut, dem Kreis der Tatverdächtigen anzugehören. Das wird sicherlich niemals der Fall sein. Eine Person, die aufgrund der gegebenen Umstände zwangsläufig zum Kreis der in Frage kommenden Personen (Tatverdächtigen) gerechnet werden muss, wird vielmehr die Tatsache als positiv erachten, dass ihr durch die Befragung die Möglichkeit gegeben wird, Dinge richtigzustellen und ihre Unschuld zu beweisen. Niemand möchte länger als nötig einem Kreis von Tatverdächtigen angehören. Die Chance, diesen Kreis zu verlassen, bietet die Anhörung der betreffenden Person. Wenn sich der Befragte von sich aus oder auf Nachfrage zu seiner Gefühlslage hinsichtlich der Befragungssituation positiv äußert, tritt dieser Indikator zu Tage. Wie bei allen Äußerungen, welche die

Gefühlslage betreffen, ist auch hier ganz besonders auf die einhergehende Körpersprache und entsprechend vorhandene Kongruenz zu achten.

33. <u>Fehlende Angst vor negativem Verfahrensausgang</u>

Der Befragte lässt durch eine durchweg selbstsichere Argumentationsweise erkennen, dass er keine Angst vor einem für ihn negativen Verfahrensausgang hat. In seiner Argumentation lässt er erkennen, dass er sich nichts vorzuwerfen hat und deshalb auch nichts befürchten muss. Fragt man den Verdächtigen, was die Ermittlungen am Ende ergeben werden, wird dieser selbstsicher erwidern, dass seine Unschuld ermittelt werden wird.

34. <u>Konstruktive Mitarbeit bei der Tataufklärung</u>

Dieser Indikator trifft zu, wenn der Befragte dem Interviewer sehr engagiert (auf sachlicher Ebene) durch konstruktive Mitarbeit hilft, den Sachverhalt aufzuklären. Voraussetzung ist hierfür, dass gleichzeitig keine Warnindikatoren wie beispielsweise übereifrige Tatverdächtigungen eintreten. Der Indikator trifft nicht zu, wenn nur einzelne konstruktive Antworten erfolgen. Bei diesem Indikator geht es um eine Konstanz während der gesamten Befragungsdauer.

Die 17 speziellen Warnindikatoren

18. Erkennbares Tatmotiv

Wenn sich während der Befragung überraschend ein mögliches Tatmotiv ergibt, so trifft dieser Indikator zu. Für sich alleine genommen hat er allerdings nur wenig Aussagekraft. Aber er sollte dazu beitragen, bezüglich des möglichen Tatmotives näher nachzuhaken. Eine Qualifizierung des Indikators tritt ein, wenn es sich vor Auftreten dieses Warnindikators um einen unverdächtigen Zeugen gehandelt hat.

19. Täterverständnis

Wenn die Frage nach dem Maß der Täterbestrafung aufkommt und der Befragte dem Interviewer eine unverhältnismäßig milde Bestrafung nahelegt oder mögliche Rechtfertigungsgründe für den (noch) unbekannten Täter ins Feld führt, ist Vorsicht geboten. Eine unschuldig in Verdacht geratene Person wird beispielsweise die Frage nach der berühmten zweiten Chance im Gegensatz zum wahren Täter in der Regel negativ beantworten. Der wahre Täter rechtfertigt die Tat vor sich selbst mit einem der drei Rechtfertigungsgründe und tut dies oftmals unbemerkt auch indirekt anderen gegenüber.

Beispiel:

Der Befragte gibt auf Nachfrage an, der Täter solle eine zweite Chance bekommen, falls er nachvollziehbare Gründe zur Tat habe, die Tat erstmalig erfolgte oder er zur Schadenwiedergutmachung bereit sei.

20. Übereifrige Tatverdächtigungen

Dieser Warnindikator tritt ein, wenn der Befragte in unüblich engagierter Art und Weise für eine aufzuklärende dolose Handlung einen möglichen Täter benennt. Vorsicht ist insbesondere dann geboten, wenn er sich seine Überzeugung sehr schnell bildet und diese nicht mit handfesten Argumenten untermauern kann. Dies könnte ein Ablenkungsversuch des Täters von sich selbst sein.

21. Bagatellisierung

Die Tat wird entweder als mögliches Missverständnis oder verharmlosend dargestellt. Ein Täter ist naturgemäß an zwei Dingen interessiert: Erstens will er, dass die Tat unentdeckt bleibt, und zweitens, dass ein mangelndes Interesse an der Verfolgung durch andere besteht. In beiden Fällen könnte er damit rechnen, für seine Tat nicht zur Verantwortung gezogen zu werden.

Beispiele:

Ein verschwundener Gegenstand wurde nicht gestohlen, sondern ist verloren gegangen oder verlegt worden. Ein verschwundener Geldbetrag wird als Fehler in der Buchhaltung bezeichnet.Ein technischer oder menschlicher Fehler wird als Grund für unkorrekte Zahlen angegeben (Zählwerkfehler, menschlicher Irrtum etc.).

22. Rechtfertigung von körpersprachlichen Warnsignalen

Wenn der Täter in Stress gerät, bemerkt er in manchen Fällen, wie sich seine Nervosität ab einem gewissen Grad über seine Körpersprache äußert. Ein guter Beobachter hat diese jedoch schon lange vor dem Befragten registriert. Wenn der Befragte seine körpersprachliche Nervosität registriert und er davon ausgeht, dass auch sein Gesprächspartner sie bemerkt hat, kann es vorkommen, dass er versucht, diese körpersprachlichen Reaktionen zu erklären. Oft wird geschwindelt, man gehöre von Haus aus eher zu den nervösen Typen oder sei gerade im Zustand einer allgemeinen Aufgeregtheit. Ein guter Interviewer hat den Befragten aber bereits durch ein richtig geführtes Vorgespräch in einen gemäßigten Zustand gebracht. Wenn bei diesem plötzlich solch heftige Reaktionen hervortreten, ist das Grund genug, der Sache nachzugehen.

23. Abstreiten einer möglichen Tatbeteiligung durch (vermeintliche) Logik

Dieser Warnindikator ist dem Warnindikator der Egodarstellung ähnlich. Der Unterschied besteht darin, dass das Abstreiten der Tatbeteiligung beim Ego-Warnindikator mittels der (vermeintlichen) Genialität des Befragten erfolgt, während dieser Indikator anschlägt, wenn der Befragte die Tat mittels Logik bestreitet. Im Übrigen gelten die Ausführungen zum Ego-Indikator.

Beispiele:

Der Befragte gibt an, zum entscheidenden Zeitpunkt noch überhaupt nichts über die Tat gewusst zu haben. Der Befragte gibt an, zum Tatzeitpunkt anderswo gewesen zu sein (falsches Alibi). Der Befragte gibt sonstige logische Gründe an, die gegen seine Täterschaft sprechen.

24. Abstreiten einer möglichen Tatbeteiligung durch Egodarstellung

Hierbei behauptet der Befragte, er könne als Täter nicht in Frage kommen, weil er eine solche Tat wesentlich geschickter geplant hätte und ihm bestimmte Fehler nicht unterlaufen wären.

Schafft es der Befragte (Täter), seine Schilderungen souverän und glaubhaft darzustellen, gelingt dieser Bluff gegenüber ungeschulten Interviewern fast immer. Wir Menschen sind oftmals Gefangene unserer Logik. Daher kann Laien eine Täterschaft des Befragten unwahrscheinlich anmuten, weil es der Befragte ja offensichtlich besser weiß. Dabei wird gerne übersehen, dass während der Tat zahlreiche Einflüsse eine Rolle gespielt haben könnten, die den Täter ungeschickter vorgehen ließen, als das normalerweise der Fall gewesen wäre. Zudem lernt der Mensch auch aus Fehlern. Ein zu Unrecht Verdächtigter begründet seine Nichttäterschaft nicht mit Logik, sondern damit, dass er solch eine Tat aus Prinzip niemals begehen würde o.ä.!

25. Emotionale Neutralität

Der Befragte bleibt bei Fragen nach seiner Einstellung zu Tat und Täter emotional neutral. Eine glaubwürdige Aussageperson hingegen, die durch die Befragung mit der Tat in Verbindung gebracht wird, antwortet auf eine solche Frage in der Regel entweder, es mache ihr nichts aus, zu dem Sachverhalt befragt zu werden, da sie bei der Aufklärung der Tat mithelfen wolle, oder aber, sie sei wütend auf den unbekannten Täter, da die Sache bis zur Klärung zunächst auch ein schlechtes Licht auf sie selbst werfe. Selbiges gilt auch für Befragungen hinsichtlich einer möglichen Bestrafung des Täters im Zuge der Ermittlungen. Ein Unschuldiger, der zu Unrecht in Verdacht geraten ist, wird im Regelfall wenig Sympathie für den Täter hegen und deshalb eher nicht auf Nachsicht plädieren. Der Täter hingegen wird aus psychologischen Gründen erfahrungsgemäß nicht auf einer harten Bestrafung bestehen.

26. Festlegungsweigerung

Der Befragte vermeidet Festlegungen auf konkrete Fragen. Er versucht dadurch, sich einerseits nicht angreifbar zu machen und andererseits eine neutrale Position einzunehmen. Außerdem möchte er es vermeiden, dem Interviewer unnötig viele Hinweise zu geben. Der Tatverdächtige wird durch geschickte Befragung in die Aufklärung der Tat eingebunden. Auf konkrete Fragen des Interviewers nach denkbaren Handlungsabläufen antwortet der Befragte stets ausweichend, ohne sich festzulegen. Diese Haltung rechtfertigt er mit Nichtwissen. Ein Täter möchte naturgemäß vermeiden, dem Interviewer Hilfestellungen zur Aufklärung der Tat zu geben. Ganz im Gegensatz dazu handelt der Unschuldige, der dazu beitragen möchte, den Täter zu ermitteln, damit er selbst aus dem Kreis der Tatverdächtigen ausscheidet.

Beispiele:

Bei Fragen nach einer möglichen Tätereingrenzung gibt der Befragte an, dass es jeder gewesen sein könnte. Der Befragte begründet sein Nichtwissen stets mit Ausflüchten hinsichtlich der zu kurzen Dauer zur Unternehmenszugehörigkeit, (um dem Befrager Hinweise zur Sachverhaltsaufklärung geben zu können) z.B. im Zusammenhang mit der Einschätzung von Personen, der Kenntnis von Abläufen usw., obwohl dies im gegenständlichen Fall nicht so sehr entscheidend sein dürfte.

DIE VERNUNFT TÄUSCHT UNS ÖFTER ALS DIE NATUR.

Marquis de Vauvenargues

27. Gedankenlosigkeit über das Tatereignis

Der Mensch ist seiner Natur entsprechend vorwiegend mitteilungsbedürftig und neugierig. Wenn ein unschuldig Verdächtiger situationsbedingt in den Kreis der möglichen Tatverdächtigen (zum Beispiel bei Vorliegen einer dolosen Handlung durch einen unbekannten Täter) rückt, dann ist es eher die Ausnahme, dass er dieses für ihn belastende Ereignis für sich behält. Zu der allgemeinen Neugier des Menschen gesellt sich hier noch eine spezielle Betroffenen-Neugier hinzu. Schließlich will der unschuldig Verdächtige möglichst schnell aus dem Kreis der Verdächtigen ausscheiden. Es ist also naheliegend, dass er mit Freunden, Eltern, Geschwistern oder sonstigen Vertrauenspersonen den Fall durchgeht und gemeinsam mit ihnen versucht, die Tat zu rekonstruieren und abzuwägen, wer als potenzieller Täter in Betracht kommen könne.

Wird nun eine wahrheitsgemäß aussagende Person befragt, ob sie mit jemand über die Tat gesprochen hat, dann wird sie dies kaum verneinen, sondern wie ansonsten auch bei der Wahrheit bleiben. Der Täter selbst wird dagegen vermutlich angeben, er habe sich keine konkreten Gedanken gemacht und mit niemand darüber gesprochen. Es ist für ihn freilich einfacher, sich so zu äußern, als ein fingiertes Gespräch mit vertrauten

Personen vorzutäuschen. Bei Letzterem müsste er mit Anschlussfragen rechnen, die das Risiko deutlich erhöhen würden, entlarvt zu werden.

Achtung:

Eine Ausnahme liegt natürlich vor, wenn die dolose Handlung ein Firmengeheimnis darstellt und der befrag- te Mitarbeiter nicht befugt ist, darüber zu sprechen. In diesem Fall wird auch der unschuldige Mitarbeiter wahrheitswidrig aussagen, da er sich ansonsten in anderer Hinsicht selbst zum Täter macht.

28. Integritätsauffälligkeiten

Dieser Warnindikator tritt hervor, wenn der Befragte im Laufe des Gespräches allgemeine Fraud-Merkmale erkennen lässt. Solche sind beispielsweise Unzufriedenheit mit dem Arbeitgeber, den Vorgesetzten oder den Kollegen, mangelnde Identifikation mit seinem Beruf und/oder seiner Firma oder sonstige charakterliche Auffälligkeiten. Die Integritätsüberprüfung stellt einen Schwerpunkt des personenbezogenen Anti-Fraud-Managements nach Marco Löw dar.

29. Untypisches Zeugenverhalten

Hierbei handelt es sich um einen Warnindikator, der sowohl im Interview als auch im Vorfeld dessen auftreten kann. Dieser Indikator kommt immer dann zum Tragen, wenn ein (noch) unschuldiger Zeuge sich nicht wie ein solcher, sondern eher wie ein Schuldiger verhält.

Beispiel:

Der Zeuge bekommt einen angekündigten Gesprächstermin und möchte überhaupt nicht wissen, worum es eigentlich geht. Ein solches Interesse wäre aber zu erwarten. Nicht jedoch vom Täter, denn der weiß bereits, was ihn erwartet, oder hat zumindest eine konkrete Vermutung!

30. Befangenheitsmerkmale

Bei diesem Warnindikator ist ein Auftreten sowohl im Vorfeld als auch während des Gespräches denkbar. Hier geht es um Hinweise, die sich aus Vorermittlungen, der Aktenlage oder dem Gesprächsverlauf ergeben und darauf schließen lassen, dass der Befragte zu einer anderen Person, welche in der gegenständlichen Sache eine wesentliche Rolle spielt, entweder ein besonders gutes oder besonders schlechtes Verhältnis hat.

Befangenheit kann aus vielen Ursachen resultieren. Folgende Gründe sind zum Beispiel denkbar:

Sympathie, Antipathie, Vorurteile, Mitleid, Freundschaft, Rachegedanken, intimes Verhältnis, Verwandtschaftsverbindung, Solidarität, Ehre oder Parteilichkeit.

Vorurteile und Verallgemeinerungen sind meist ein Indiz für Befangenheit. Sätze wie „Die EDV-Menschen sind doch alle gleich!“ oder „Was kann man von einem Hauptschüler schon erwarten?“ sind hierfür typisch. Die Befangenheit zeigt sich normalerweise durch Belastungs- oder Entlastungseifer. Ein kluger Interviewer klärt daher schon durch Vorfeldermittlungen zum Gespräch ab, ob Befangenheitsgründe vorliegen könnten. Liegen sie vor, muss das nicht gleichbedeutend mit einer Falschaussage sein. Es ist aber zu folgern, dass die Gefahr von Falschaussagen in diesem Fall deutlich erhöht ist. Daher muss in einem solchen Fall besonders gründlich nachgefragt werden. Des Weiteren sollte der Nachprüfung der Angaben eine verstärkte Gewichtung beigemessen werden.

31. Irrtumsmerkmale

Wenn ein Sachverhalt bzw. eine getätigte Aussage nicht plausibel ist, obwohl man anhand der übrigen Glaubwürdigkeits- und Warnindikatorenüberprüfungen davon ausgehen kann, dass Lüge und Befangenheit auszuschließen sind, dann liegt ein Irrtum nahe.

Es gibt hierzu vier sehr gute und treffende Zitate:

> „Überzeugungen sind gefährlichere
> Feinde der Wahrheit als Lügen."
>
> (Friedrich Nietzsche)

> „So manche Wahrheit ging
> von einem Irrtum aus."
>
> (Marie von Ebner-Eschenbach)

> „Einer neuen Wahrheit ist nichts
> schädlicher als ein alter Irrtum."
>
> (Johann Wolfgang von Goethe)

> „Zwei Wahrheiten können
> sich nie widersprechen."
>
> (Galileo Galilei)

Im Zweifelsfall sollte man daher nach möglichen Irrtumsquellen suchen. Denkbar wäre zum Beispiel ein Irrtum im Zusammenhang mit einer Sinnestäuschung (z.B. visuell oder auditiv) oder mit umstandsbezogenen

Fehlerquellen (Sichtwinkel, Ablenkung, Geräuschkulisse etc.). In jedem Fall ist es wichtig, im Irrtumsverdachtsfall auf die Aussagenverifizierung einen besonderen Wert zu legen (Nachprüfung, Aussagenabgleiche, vorliegende Beweise etc.).

Aber Vorsicht:

Ebnen Sie dem Befragten nicht den Weg, einer Bestrafung durch einen (vorgetäuschten) Irrtum als Tarnung für seine vorsätzliche Täterschaft zu entgehen!

32. Hustenreize

Künstliches Husten wird von geschickten Lügnern zum Zweck des Zeitgewinns eingesetzt. So kann der Lügner unauffällig über seine Antwort nachdenken und vermeidet Spontanantworten. Unter Umständen kann er sogar einen künstlich erzeugten Hustenreiz als Anlass nehmen, die Toilette aufzusuchen. So hat er sowohl die Möglichkeit nachzudenken als auch ggf. schnell per Handy zu telefonieren. Auffällig sind solche Hustenreize besonders dann, wenn sie plötzlich und unerwartet, insbesondere bei problematischen Fragestellungen, auftauchen oder wenn die gesamte Mimik und Gestik nicht zum vorgetäuschten Hustenanfall passt.

33. Vorwände zur Gesprächsunterbrechung

Gerade in Phasen, in denen der Befrager kurz davor ist, den tatsächlichen Sachverhalt aufzuklären und die Geheimnisse des täuschenden Befragten zu lüften, sucht dieser nicht selten sein Heil in der Gesprächsunterbrechung, oftmals unter dem Vorwand, dringend auf die Toilette zu müssen. Dabei gehen Täuschung und Wahrheit sogar oft Hand in Hand. Es ist eine Täuschung, weil der Befragte Zeit gewinnen möchte, um sich neu zu sammeln und die weitere argumentative Strategie in Ruhe zu durchdenken. Zugleich kann der Gang zur Toilette jedoch durchaus seinem wahren Zweck folgen und zwar deswegen, weil die Harnblasenentleerung ein archaischer Urinstinkt des Menschen bei einer Bedrohung ist.

Der urzeitliche Zweck bestand dabei darin, mit einer leeren Blase schneller vor Bedrohungen flüchten zu können. Fast jeder kennt die Situation, dass Aufregung und Nervosität Harndrang auslösen, nur sind die Hintergründe nicht jedem geläufig. Bleiben Sie daher bei Vorliegen dieses Warnindikators hart und bestehen Sie zumindest auf dem vorherigen Abschluss des Themenkomplexes. Das ist nicht immer leicht, denn der Befragte jammert, droht damit, sich andernfalls in die Hose zu machen oder als passionierter Raucher Entzugserscheinungen zu bekommen. Abgesehen von inkontinenten Erwachsenen ist diese Drohung aber meist nicht sonderlich ernst zu nehmen, da jeder erwachsene Mensch in der Lage sein sollte, dem Harndrang eine ganze Zeit lang nicht nachzugeben. Sie dürfen den Befragten aus rechtlichen Gründen natürlich nicht gegen seinen Willen davon abhalten, auf die Toilette zu gehen; versuchen Sie daher, dies indirekt durch Ihre natürliche Autorität durchzusetzen.

34. Fehlende Kongruenz zwischen verbalen und nonverbalen Aussagen

Verbale und nonverbale Aussagen sollten immer im Einklang sein. Sind sie es nicht, ist höchste Vorsicht geboten. Sicherlich haben die meisten von uns bereits folgende Situation erlebt: Ein Freund oder guter Bekannter macht auf die Frage nach seinem Wohlbefinden eine positive Aussage, obwohl seine Körpersprache das Gegenteil aussagt. Gleiches gilt für falsches Mitleid oder falsches Lächeln, auch diese sind meist recht einfach zu erkennen. Achten Sie darauf, ob Mimik, Gestik und die allgemeine Körpersprache zu den verbalen Aussagen passen oder nicht.

Schnellüberblick über die wichtigsten allgemeinen Körpersprachsignale

Anmerkung

Entscheidend ist die Wahrnehmung der Körpersprache im Gesamtkontext. Das gilt sowohl für die Beziehung der einzelnen Körperteile zueinander als auch für deren Stimmigkeit mit dem gesprochenen Wort. Betrachtet man die Körpersprachsignale ohne Kontextbezug, so sind Interpretationsfehler sehr wahrscheinlich.

Kopf und Halsbereich

- → Kopfneigung zur Seite:
  Offenheit, Vertrauen

- → Kopfneigung nach hinten:
  Selbstbewusstseinsdemonstration durch Freilegen des Halses

- → Kopfneigung nach vorne: Unbehagen, Ängstlichkeit

- → Einziehen des Halses:
  Zeichen für Unbehagen, Ängstlichkeit

- → Freilegen des Halses:
  Zeichen für Offenheit, Selbstbewusstsein

- → Berühren des Nackens: Unbehagen, Zweifel

- → Erhöhtes Schluckbedürfnis:
  Zeichen für erhöhten Stress, Unbehagen

- → Zusammengepresste Lippen:
  Mangelnde Akzeptanz, Aggressivität, Nervosität

- → Eingezogene Lippen: Nervosität, Unbehagen

- → Stirnrunzeln:
  Nervosität, Unbehagen

- → Kräuseln der Nase:
  Abscheu, Ablehnung

- → Geweitete Pupillen:
  Zeichen für Offenheit, Überraschung,
  Informationsgewinn

- → Verengte Pupillen:
  Zeichen für Abwehr, Konfrontation

- → Anstarren:
  Konfrontation, Versuch der Selbstkontrolle

- → Blickkontaktvermeidung:
  Perplex, überrumpelt sein, Ablehnung der Person oder Meinung, zweifeln, nachdenken, Angst sich zu verraten

- → Augen zusammenkneifen, Stirn in Falten, Gesicht verziehen:
  Unbehagen, Zweifel, Aggression

- → Augen bedecken mit den Händen: Unbehagen, Ablehnung

- → Augen zusammenpressen:
  Verdrängen von schlechten Informationen

- → Augen verzögert öffnen: Unbehagen

- → Kurze Berührung der Augen mit den Händen:
  Verdrängen schlechter Informationen

- → Weites Aufreißen der Augen:
  Freude, Informationsaufnahme, erschrecken

- → Erhöhung der Blinzelfrequenz und Lidflattern: Nervosität, Anspannung, Angst

- → Entspannte Augenpartie: Ausgeglichene Psyche

- → Verkrampfte Augenpartie: Angst, Unsicherheit, Unwohlsein

- → Angehobene Augenbrauen: Informationsaufnahme, Offenheit, positive Stimmung

- → Mundwinkel gehen beim Lächeln nach oben: Echtes Lächeln

- → Mundwinkel gehen beim Lächeln gerade nach hinten, ohne die Augenpartie zu bewegen: Täuschendes Lächeln

- → Blickrichtung nach unten: Angst, Unsicherheit

- → Blickrichtung zur Seite: Angst, Unsicherheit oder mangelndes Einverständnis mit dem Argument des Gesprächspartners

Anmerkung zur Blickrichtung:

Wie schon mehrfach betont, sind alle Körpersprachsignale immer im Gesamtzusammenhang des Gesprächsverlaufes zu beurteilen. Andernfalls sind Fehlinterpretationen wahrscheinlich. Der Blickkontakt ist dafür ein gutes Beispiel, da auch der Kulturkreis des Gesprächspartners in dieser Hinsicht eine entscheidende Rolle spielt.

Im deutschen Sprachraum ist eine Kombination aus direktem Augenkontakt und kurzem Wegblicken üblich. Gleiches gilt auch für die USA. In Japan oder China drückt man mit einem direkten Augenkontakt dem Gesprächspartner gegenüber aus, dass man sich auf der gleichen Hierarchieebene befindet wie dieser. Unwissen kann daher bei bestimmten Verhandlungssituationen schnell zu Problemen oder Verstimmungen führen. In Osteuropa hingegen wird ein langer Augenkontakt oftmals zur Glaubwürdigkeitsbetonung eingesetzt. Bei der Beurteilung der Körpersprache ist daher auch der kulturelle Hintergrund des Gesprächspartners zu berücksichtigen.

Brust und Schultern

→ Überdeutliches Akzentuieren der Brust:
Verdecken von Unsicherheit, Vortäuschen von Dominanz

→ Hängende Brust:
Resignation, Unsicherheit

→ Zurückziehen der Schultern:
Machtdemonstration, da dadurch automatisch der Brustkorb akzentuiert wird

→ Einziehen oder Hängenlassen der Schultern:
Ängstlichkeit, Resignation

Arme und Hände

→ Offene Armhaltung:
Offenheit

→ Geschlossene oder verdeckte Armhaltung:
Unbehagen, Angst, Unsicherheit

→ Zurückziehen der Arme:
Angst, Unbehagen

- → Starre Armhaltung:
  Angst, Unbehagen
- → Hinter dem Kopf verschränkte Arme:
  Selbstbewusstsein, Dominanz
- → Hinter dem Rücken verschränkte Arme:
  Abwehr, Distanzverhalten
- → In die Hüften gestemmte Arme:
  Dominanz, Revieranspruch
- → Nach unten sinkende Arme:
  Resignation
- → Fester Händedruck:
  Selbstbewusstsein
- → Schwacher Händedruck:
  Angst, Unsicherheit
- → Vor den Mund gehaltene Hand:
  Zurückhaltung von Informationen
- → Handhaltungen mit offenen Handinnenflächen:
  Offenheit

- → Handhaltungen mit Handrücken zum Gesprächspartner:
  Abwehr, Schutz

- → Daumen verstecken:
  Unsicherheit, Angst

- → Fingernägel kauen:
  Nervosität

<u>Beine und Füße</u>

- → Offene gespreizte Beinhaltungen:
  Offenheit, Selbstbewusstsein

- → Geschlossene Beinhaltungen:
  Unsicherheit, Angst

- → Übereinandergeschlagene Beine:
  Je nach Situation und genauer Sitzposition Offenheit oder Abwehr

- → Umschlingen beider Stuhlbeine im Sitzen (Oberkörper nach vorne geneigt):
  Standpunktbeharrung

- → Umschlingen beider Stuhlbeine im Sitzen (Oberkörper nach hinten gelehnt): Angst, Unwohlsein

- → Wippende Beine und Füße: Je nach Situation Aggression oder Nervosität

DER MENSCH KANN MIT DEM MUND SO VIEL
LÜGEN WIE ER WILL –
MIT DEM GESICHT, DAS ER MACHT, SAGT
ER STETS DIE WAHRHEIT.

Friedrich Wilhelm Nietzsche

Die 17 Manipulationstechniken (Anwendung und Abwehr)

Manipulation als Taktik zur Gesprächslenkung

Manipulation ist die Beeinflussung von Menschen, ohne dass diese sie erkennen oder sich dagegen wehren können! Das Marco Löw Befragungssystem ist so konzipiert, für alle Situationen die passenden Antworten zu geben respektive die passenden Methoden aufzuweisen. Ich gehe davon aus, dass Sie den ersten Band aufmerksam gelesen und durchgearbeitet haben. Ihnen ist daher bewusst, dass in 95 Prozent der Fälle eine angenehme Befragungsatmosphäre zielführend ist, offenen Fragearten der Vorzug gegeben werden sollte und Manipulation keine grundsätzliche Option darstellt.

Manipulation stellt aber sehr wohl eine Option für bestimmte Einzelfallsituationen dar. In manchen Fällen ist der Gesprächspartner überlegen oder extrem schwer zu einem Geständnis zu bringen. Dann können Manipulationstechniken eine große Hilfe sein und dafür sorgen, dass der Interviewer von Anfang bis Ende die Gesprächskontrolle behält und dem Befragten gegenüber überlegen bleibt.

Lassen Sie sich nicht davon abschrecken, dass die nachfolgenden Manipulationstechniken teilweise sehr harte Geschütze enthalten. Ich habe diese Techniken bewusst nicht in den ersten Band aufgenommen, weil ich vermeiden wollte, dass der geneigte Leser den Eindruck bekommt, diese Techniken gehörten zum üblichen Handwerkszeug eines von mir geschulten forensischen Befragungstaktikers. Ein forensischer Befragungstaktiker zeichnet sich jedoch vor allem durch eine sehr gute Wahrnehmungsfähigkeit, rhetorische Überlegenheit in jeder Gesprächssituation und Konsequenz sowie Stringenz im Erreichen seines Befragungsziels aus. Hierfür ist es aber in besonderen Situationen manchmal erforderlich, zu besonderen Maßnahmen zu greifen.

Mein Befragungssystem ist daher so gehalten sich ständig immer wieder aufs Neue an den Befragten und die Gesprächssituation anzupassen und dabei niemals den roten Faden aus den Augen zu verlieren. Die nachfolgenden Manipulationstechniken sind daher, so wichtig sie in einem vollständigen Befragungssystem auch sind, als Techniken für besondere Einzelfälle zu verstehen. In den meisten Fällen beinhaltet mein System für den forensischen Befragungstaktiker genügend Redundanz, um ein so hohes Maß an überlegener Gesprächskompetenz herstellen zu können, dass auf die

Anwendung von speziellen Manipulationstechniken verzichtet werden kann.

Ein weiterer wichtiger Punkt darf hierbei keinesfalls übersehen werden: Der Interviewer muss sich seinerseits vor Manipulationsversuchen des Befragten effizient schützen, um nicht selbst auf die falsche Fährte geführt zu werden. Dieser Punkt ist von enormer Wichtigkeit. Die nachfolgenden Abhandlungen über Manipulationstechniken können im Rahmen dieses Buches nur einen kleinen Einblick und eine Vorstellung über ihre Funktionsweise und Anwendung vermitteln. Eine ausführliche Darstellung würde den Rahmen dieses Buches bei Weitem sprengen und wäre auch aus taktischen Gründen nicht als sinnvoll zu erachten.

ICH SAH, DASS MAN OFT, UM ZUR WAHRHEIT ZU GELANGEN MIT EINER TÄUSCHUNG BEGINNEN MUSS. DEM LICHT MUSS NOTWENDIGERWEISE FINSTERNIS VORANGEGANGEN SEIN.

Giacomo Casanova

1. Täuschung/Bluff

Bei der Anwendung von Täuschungen und Bluff-Techniken kommt es zunächst einmal darauf an, ob Sie das Marco Löw Befragungssystem bei Gesprächen mit Vernehmungscharakter oder anderweitig einsetzen. Im Fal- le einer Vernehmungsbefragung spielt es eine Rolle, ob Sie Mitglied der freien Wirtschaft oder einer staatlichen Strafverfolgungsbehörde sind.

In letzterem Fall sind Sie streng an die Strafprozessordnung (StPO) gebunden, im ersteren Fall ist eine möglichst weitgehende Anlehnung an diese aus gerichtsprozessualen Gründen (Stichwort: Gerichtsverwertbarkeit von Aussagen) zu empfehlen, aber nicht zwingend erforderlich, da die StPO nur für Mitglieder der staatlichen Strafverfolgungsbehörden oder sonstige Verpflichtete gilt (z.B. Rechtsanwälte). Der § 136a StPO regelt, welche Methoden und Mittel in einer StPO-konformen Beschuldigtenvernehmung verboten sind. Im Falle von Täuschungen und Bluff-Techniken kommt es bei einer StPO-konformen Beschuldigtenvernehmung darauf an, dass sich diese Techniken nicht direkt auf die Tat selbst beziehen.

Wenn man dem Verdächtigen gegenüber zum Beispiel fälschlicherweise angibt, man habe einen Zeugen oder eine Überwachungskameraaufnahme, die dessen Täterschaft beweise, um damit ein Geständnis zu erwirken, so fällt dies ganz klar unter die verbotenen Vernehmungsmethoden des § 136a StPO. Erlaubt sind hingegen Bluff- und Täuschungstechniken in einem gewissen Rahmen zur Nachprüfung eines Alibis. Gemäß der StPO darf die Tat als solche nicht überraschend vorgehalten werden, weil auch dies als Täuschung im Sinne der StPO gilt. Aus diesem Grund ist eine korrekte Belehrung vor Vernehmungsbeginn von großer Wichtigkeit.

Zur Nachprüfung eines falschen Alibis sind Nebensächlichkeitsfragen extrem effektiv, da der Befragte nicht alle denkbaren Fragen im Voraus bedacht haben kann und sich bei geschickter Befragung extrem schnell in Widersprüche verstricken wird. Werden Nebensächlichkeitsfragen gekonnt mit geschickten Bluff-Techniken verbunden, ist es nahezu ausgeschlossen, dass der Befragte sein falsches Alibi halten kann. Diese Kombination ist auch deswegen so effizient, weil der Befragte, aufgrund sich ihm stellender kognitiver Probleme, sein falsches Alibi nicht einmal dann aufrechterhalten könnte, wenn er ein treuer Leser dieser Buchreihe wäre. Voraussetzung ist natürlich, dass der Anwender in der Lage ist, diese Techniken gekonnt und souverän einzusetzen.

Das Marco Löw Befragungssystem wird auf hohem Niveau nämlich noch viel interessanter. Eine Vielzahl von Techniken, wie die zuvor beschriebenen Kombinationstechniken, erlauben dem Befrager selbst dann die Wahrheitsfindung, wenn der Befragte seinerseits über ein sehr hohes Maß an taktischer Gesprächskompetenz verfügt.

2. Versprechungen

In US-amerikanischen Filmen ist oft zu sehen, wie ein Polizeibeamter einem Vernommenen konkrete Versprechungen hinsichtlich seiner zu erwartenden Strafe oder sonstige Zugeständnisse macht. In Deutschland lässt sich dies mit der StPO nicht vereinbaren. Hierzulande kann man dem Vernommenen lediglich mitteilen, dass sich ein Geständnis strafmildernd auswirken kann (aber nicht muss). Aber selbst diese Aussage ist nicht unproblematisch, weil sich in einigen Fällen das Geständnis auch nachteilig für den Vernommenen auswirken kann.

Dies ist zum Beispiel dann der Fall, wenn dem Befragten ohne sein Geständnis die Tat nicht oder zumindest in Teilbereichen nicht nachzuweisen gewesen wäre. Dann nämlich hätte der Beschuldigte im Zweifelfall vom berühmten Grundsatz: „IN DUBIO PRO REO“ (Im Zweifel für den Angeklagten) profitiert! Dieser Grundsatz besagt, dass das Gericht den Beschuldigten nicht verurteilen darf, wenn Zweifel an dessen Schuld verbleiben. Anders ausgedrückt heißt dies konkret, dass der Beschuldigte freizusprechen ist, falls nicht sämtliche Zweifel an seiner Schuld ausgeräumt werden konnten. Nicht umsonst raten Rechtsanwälte ihren beschuldigten Mandanten daher fast immer, sich zunächst nicht zur Sache zu äußern und erst die Akteneinsicht abzuwarten.

Wenn Sie als zuständiger Anti-Fraud-Manager, Compliance-Verantwortlicher oder sonstiger Entscheidungsträger nun eine interne Befragung eines Beschuldigten durchführen, so haben Sie grundsätzlich zwei Vorteile auf Ihrer Seite: Erstens sind Sie nicht an die StPO gebunden und zweitens hat der Befragte eine generelle Mitwirkungspflicht zur Aufklärung von dolosen Handlungen im Rahmen seiner Stellung als Arbeitnehmer gegenüber dem Arbeitgeber. Natürlich kann man den Befragten rechtlich nicht zwingen, sich selbst zu belasten; wohl aber ist es möglich, ihm in einem gewissen Rahmen abzuverlangen, zu bestimmten Geschehnissen im Rahmen seiner Mitwirkungspflicht Stellung zu nehmen.

Der große Vorteil ist natürlich, dass Versprechungen in einem gewissen Rahmen durchaus möglich sind. Dies kann dann der Fall sein, wenn es darum geht, ob der Arbeitgeber den Beschuldigten strafrechtlich anzeigt, ein Zivilverfahren gegen ihn eröffnet, Schadensansprüche geltend macht oder eine fristlose Kündigung ausspricht. Oftmals ist es durchaus klug, den Beschuldigten durch Versprechungen zu manipulieren. Er wird in einigen Fällen nur dann ein wirklich umfangreiches Geständnis ablegen, wenn er sich davon irgendwelche Vorteile verspricht.

Daher rate ich unbedingt dazu, bereits vor der Vernehmungsbefragung abzuklären, welche Zugeständnisse seitens des Unternehmens möglich sind. Denn wenn Sie den Befragten durch Ihre Gesprächstaktik soweit gebracht haben, dass er sich heillos in Widersprüche verstrickt, dann müssen Sie ihm einen Ausweg anbieten können. Das kann zum Beispiel die Möglichkeit der Eigenkündigung sein oder der Verzicht auf ein Straf- oder Zivilverfahren.

Die meisten Täter haben Angst vor finanziellen Einbußen und Reputationsverlusten, sie fürchten, beispielsweise das Gesicht zu verlieren oder nie wieder eine erneute Anstellung zu finden. Unter Beachtung der gesetzlichen Bestimmungen und der Firmeninteressen können dem Täter Zugeständnisse gemacht werden. Vorsicht jedoch bei Zugeständnissen im qualifizierten Arbeitszeugnis.

Wahrheit geht vor Wohlwollen! Das Verschweigen z.B. eines Diebstahls kann zu Schadensersatzansprüchen gegen den Zeugnisaussteller führen, wenn der Täter als Mitarbeiter beim Folgearbeitgeber erneut einen Diebstahl begeht.

3. <u>Drohungen (Keine Nötigung nach StGB!)</u>

Das Gegenstück zu den Versprechungen sind die Drohungen. In vielen Fällen knackt man den Verdächtigen durch eine Kombination aus Drohungen und Versprechungen. Diese Kombination ist auch Bestandteil der Good-Guy-/Bad-Guy-Methode, die ab Seite 115 erläutert wird.

StPO-konform dürfen die meisten effektiven Drohtechniken leider nicht eingesetzt werden. Für all jene, die nicht an die StPO gebunden sind, gilt es dagegen vor allem, zu beachten, selbst keine Straftatbestände zu begehen. Dies gilt insbesondere für Nötigungen nach dem Strafgesetzbuch (StGB) oder Freiheitsberaubung. Vermeiden Sie daher unbedingt den klassischen Satz: „Sie kommen hier nicht eher weg, bevor…“. Kein Vernehmungserfolg der Welt ist es wert, sich selbst strafbar zu machen. Drohungen mit rechtsstaatlichen Mitteln sind aber keine Nötigung im strafrechtlichen Sinne. Wenn Sie dem Verdächtigen damit drohen, bei der Polizei

Anzeige zu erstatten, falls sich der Fall nicht intern klären lässt, so ist dies Ihr gutes Recht als Arbeitgeber. Es ist absolut legitim, die staatlichen Ermittlungsbehörden einzuschalten, wenn sich dolose Handlungen innerhalb eines Unternehmens nicht anders klären lassen. Schließlich kann niemand von einem Unternehmen verlangen, dolose Handlungen einfach so zu dulden.

Gleichzeitig kann man dem Beschuldigten zu verstehen geben, dass es der Firmenleitung in erster Linie darum geht, den Täter nicht mehr weiter zu beschäftigen, als darum, ihn zu bestrafen. Hier bietet sich eine Kombination aus Drohung und Manipulation durch Versprechungen sehr gut an.

Der Mensch neigt generell dazu, den Weg des geringsten Widerstands zu gehen sowie aus zwei Handlungsoptionen die für ihn vorteilhafteste zu wählen. Zeigen Sie Ihrem Verdächtigen die vielen Nachteile in Form von Drohungen und die vielen Vorteile in Form von Versprechungen auf. Es wird ihm dann nicht schwerfallen, sich für letztere Variante zu entscheiden und ein Geständnis abzulegen. Selbstverständlich wird er das nur dann tun, wenn Sie durch gekonnte Vorarbeit dafür gesorgt haben, dass er nicht mehr in der Lage ist, seinen Kopf ganz aus der Schlinge zu ziehen.

Drohungen müssen stets glaubhaft sein. Ganz wichtig ist es daher, sich vor Gesprächsbeginn überlegt zu haben, welche Drohungen ggf. wie eingesetzt werden können. Ferner spielt eine Rolle, dass Sie bei Ihren Drohungen authentisch bleiben. Der Mensch prüft von Natur aus bei Bedrohungen instinktiv die Ernsthaftigkeit und Schwere nach.

Wenn ein Boxer Ihnen droht, Sie zu verprügeln, werden Sie dem sicherlich ein anderes Gewicht beimessen, als wenn die Drohung von einem halbstarken Jugendlichen oder einem Kind ausgesprochen wird. Drohungen eines Kollegen werden Sie nicht so ernst nehmen wie die Ihres Chefs. So ist es auch bei Ihrem Verdächtigen nicht anders. Wenn Sie erfolgreich drohen möchten, dann achten Sie darauf, authentisch zu sein, Ihre Körpersprache zu Ihren Gunsten darauf abgestimmt einzusetzen und ihre Drohung dem Verdächtigen glaubhaft zu vermitteln. Nur wenn Sie diese Komponenten miteinander homogen verbinden können, wird die Drohung ihre gewünschte Wirkung erzielen.

4. <u>Allgemeine Suggestion</u>

Bei dieser Manipulationstechnik handelt es sich um ein sehr umfangreiches Feld. Diesen Punkt erschöpfend und vollständig darzustellen, würde allein ein ganzes

Buch füllen und damit den Rahmen dieses Werkes sprengen. Der geneigte Leser möge mir deshalb verzeihen, dass ich im Rahmen dieses Bandes nur grundlegende Prinzipien und einige Beispiele darstellen kann.

Unter den Bereich der allgemeinen Suggestion fallen zum Beispiel folgende Beeinflussungstechniken:

- → Manipulation durch Suggestivfragen
- → Manipulation durch taktische Synonymwahl
- → Manipulation durch taktische Worte
- → Manipulation durch Killerphrasen
- → Manipulation durch Zwickmühlentechniken
- → Manipulation durch Gestaltung der Gesprächsatmosphäre

4.1 Suggestivfragen

Eine Auswahl an Suggestivfragen (geschlossene Fragen) haben Sie bereits im ersten Band erhalten. Geschlossene Fragen zeichnen sich dadurch aus, den Antwortspielraum einzuengen. Suggestivfragen implizieren, dass bestimmte Aussagen bereits als Fakten vorausgesetzt werden.

In den meisten Fällen sind geschlossene Fragearten zugleich auch Suggestivfragen, aber es gibt auch Ausnahmen wie die Ja-/Nein-Frage. Sie engt den Antwortspielraum enorm ein, impliziert jedoch nicht bereits vorhandene Fakten wie etwa die Wahlfrageart.

Suggestivfragen werden jedoch noch gefährlicher, wenn man sie so formuliert, dass nur ein einzelnes Wort oder ein einzelner Artikel einen Fragesatz von einer offenen zu einer Suggestivfrage umgestaltet. In Krimis wird dem Zeugen oft die Frage gestellt, ob er gesehen habe, dass der Täter eine Waffe hatte.

Betrachten Sie bitte nachfolgende Fragen und lassen Sie diese auf sich wirken. Es macht nämlich einen ganz enormen Unterschied, wie die Fragen formuliert sind:

„Haben Sie eine Waffe gesehen?“
„Haben Sie die Waffe gesehen?“
„Haben Sie die Waffe in der Hand des Täters gesehen?“
„Haben Sie eine Waffe in der Hand des Täters gesehen?“
„Haben Sie die Waffe in der rechten Hand des Täters gesehen?“
„Haben Sie gesehen, wie der Täter mit der rechten Hand die Waffe aus dem Holster zog und…?“

Eine wesentlich objektivere Formulierungsweise wäre: „Haben Sie eine Waffe gesehen?“ Falls die Frage mit Ja beantwortet wird, dann könnte man mit weiteren gezielten offenen Fragen zu der Waffe weitere Informationen gewinnen. Der Einsatz suggestiver Fragemethoden ist immer eine Frage der jeweiligen Gesprächssituation, der einhergehenden Umstände und der jeweiligen Zielsetzungen des Fragestellers. Wie bereits im ersten Band besprochen, ist der Einsatz von suggestiven Befragungsmethoden bestimmten Einzelfällen vorbehalten, in denen offene Fragearten nicht den gewünschten Erfolg bringen können.

4.2 Taktische Synonymwahl

Bei der taktischen Synonymwahl nutzt man die Tatsache, dass Worte Bilder vor dem inneren Auge entstehen lassen. Synonyme können positive, negative oder neutrale Assoziationen beim Gesprächspartner auslösen. Diese Tatsache eignet sich hervorragend zur Manipulation. Überlegen Sie einmal, welche Assoziationen bei Ihnen die Begriffe klassisches Automobil, Rostlaube oder älteres Fahrzeug auslösen.

Rostlaube könnte man auch durch Altfahrzeug ersetzen. Dieser Begriff ist immer noch negativ konnotiert, jedoch nicht in solch negativem Maße wie die Rostlaube.

Testen Sie sich selbst:

Wenn Sie sich entscheiden müssten, würden Sie lieber ein Altfahrzeug oder eine Rostlaube fahren? Könnte es Sie reizen, ein klassisches Automobil zu besitzen? Wie Sie sehen, kommt es in beträchtlichem Maße darauf an, welches Synonym man für einen einzelnen Begriff wählt. Geschickt platziert können taktische Synonyme eine enorme Wirkung entfalten.

4.3 Taktische Worte

Taktische Worte sind Begrifflichkeiten, die ebenso wie taktische Synonyme das Denken Ihres Gesprächspartners in eine bestimmte Richtung gezielt beeinflussen können. Ein gutes Beispiel ist das an sich harmlos klingende Wort oder. Wenn Sie dem Verdächtigen zum Beispiel Fragen stellen wie: „Haben Sie die Tat zum ersten Mal begangen oder...?“ oder „Hatten Sie die Tat gezielt geplant oder...?“, so ergänzt der Befragte in Gedanken das Wort nicht. Der Grund hierfür ist, dass unser Gehirn gängige Redewendungen und Fragestellungen gespeichert hat und solche Sätze automatisch wie einen Lückentext ergänzt. Es ist aber eine nicht zu unterschätzende kognitive Herausforderung, wenn man nein denken und ja sagen soll.

Kombiniert mit einem schnellen Gesprächsfluss kann man damit nicht zu unterschätzende Wirkungen erzielen. Ganz besonders dann, wenn wie im obigen Beispiel die Nein- bzw. Nicht-Antwort zugleich auch noch die bessere Antwortalternative für den Befragten darstellt. Man kann überdies natürlich suggestive Fragestellungen, taktische Synonyme und taktische Worte zu einer Einheit verbinden und in Kombinationen anwenden. Im Zusammenhang mit einem schnellen Gesprächsfluss ist das eine enorme Herausforderung für Ihren Gesprächspartner. Aber damit nicht genug: Das Marco Löw Befragungssystem zeichnet sich dadurch aus, dass alle Techniken kombinierbar sind. Somit sind selbstverständlich noch weitere Kombinationen möglich, beispielsweise eine täuschende Körpersprache. Man schüttelt leicht den Kopf, nachdem die Frage dem Befragten gestellt wurde, oder man nickt leicht, falls man eine gegenteilige Wirkung erzielen möchte.

Taktische Worte, die man gut in Suggestivfragen einbauen kann, sind die Worte sicher, doch und auch.

Beispiele:

„Sie wissen doch sicher auch, dass…“
„Sie wollen doch sicher nicht im Ernst behaupten, dass…“

Auch die Taktik der Anzweifelung kann sehr wirkungsvoll sein, wenn Sie bei Anzweifelungen auf die Reaktion Ihres Gesprächspartners achten (Unsicherheiten in der Körpersprache, Änderung der Sprechgeschwindigkeit, Floskelhäufungen wie äh oder also) und darauf Ihre weitere Gesprächstaktik abstellen.

4.4 Killerphrasen

Beim Einsatz von Killerphrasen wird der Gesprächspartner enorm unter Druck gesetzt. Soll eine angenehme Gesprächsatmosphäre die Grundlage der Befragung sein, so eignen sich Killerphrasen hierfür nicht. In allen anderen Fällen können sie aber eine hochwirksame Technik darstellen.

Killerphrasen unterhöhlen die Widerstandsfähigkeit des Befragten wie Wasser eine Sandburg. Sie sind zum Beispiel dann eine mögliche Option für den Befrager, wenn dieser von einem bestimmten Sachverhalt überzeugt ist, jedoch selbst zu wenig fundierte Argumente oder Beweise hierfür hat. Auch eignen sich Killerphrasen in bestimmten Situationen dafür, sehr hartnäckige Gesprächspartner zu knacken. Zu beachten ist aber beim Einsatz von Killerphrasen, dass sich diese auch negativ auf die Bereitschaft zur Aussage von Befragten auswirken können. Werden diese bei einem charakterlich nicht gefestigten Gesprächspartner eingesetzt, können sie zur totalen Verunsicherung oder Blockade führen. Letztlich geht es beim Einsatz von Killerphrasen darum, die Argumentation des Gesprächspartners abzuwürgen, ihn weich zu machen und ihn dann mittels goldener Brücken oder suggestiver Formulierungen auf die Argumentationsschiene des Befragers zu locken.

Beispielhafte Formulierungen für Killerphrasen:

„Das ist doch lächerlich!"
„Das glauben Sie doch selbst nicht!"
„Darum geht es doch überhaupt nicht!"
„Wie wollen Sie denn das beweisen?"
„Ich bitte Sie, das ist doch nicht Ihr Ernst!"
„Kein vernünftiger Mensch wird Ihnen das glauben!"

4.5 Zwickmühlentechnik

Bei der Zwickmühlentechnik geht es darum, dass der Gesprächspartner immer verliert, egal wie er antwortet. Hierzu gibt es eine Vielzahl von Möglichkeiten. Eine Möglichkeit ist zum Beispiel, die Antwort des Befragten ins Lächerliche zu ziehen oder mit einer Killerphrase zu kommentieren. Wenn der Befragte jedoch nicht sofort antwortet, dann wird ihm diesbezüglich eine böswillige Absicht unterstellt. Man hält ihm beispielsweise vor, dass er nicht antworten will oder kann, oder aber man unterstellt ihm, den Interviewer nicht ernst zu nehmen. Ebenso kann der Befrager den Interviewten auf seine Schweigsamkeit ansprechen und für diese eine Rechtfertigung verlangen. Stellt der Befragte eine Gegenfrage, wertet der Interviewer dies so, als wolle der Befragte die Frage nicht beantworten, und konfrontiert ihn sofort damit.

4.6 Gestaltung der Gesprächsatmosphäre

Mit der Gesprächsatmosphäre und der Örtlichkeitswahl haben wir uns bereits im ersten Band näher beschäftigt. Gestatten Sie mir daher, an dieser Stelle lediglich einige Ergänzungen im Sinne einer manipulativen Gestaltung ins Feld zu führen.

Man kann durch Ignorieren und Dominanz emotionalen Druck auf den Befragten aufbauen. Noch vor Beginn des Gesprächs besteht die Option, den Befragten über Gebühr lange vor der Türe warten zu lassen, bis man ihn dann hereinbittet. Bei der Begrüßung kann man entweder auf den Handschlag und/oder den Blickkontakt verzichten (Ignorieren) oder den Gesprächspartner mit seinem Blickkontakt fixieren und einen ungewöhnlich festen Händedruck ausführen (Dominanz). Außerdem eignen sich führende Handbewegungen zum Sitzplatz ggf. mit Körperkontakt und eine überlegene Sitzposition (vgl. Band 1) zum Aufbau einer manipulativen Gesprächsatmosphäre.

5. Direkte Ehrangriffe

Hierbei wird versucht, den Befragten durch Angriffe auf sein Ehrgefühl zu Eingeständnissen zu bewegen. Diese Methode eignet sich zum Beispiel dann, wenn der Befragte eine vorsätzliche Tat als Fehler deklarieren möchte. Man kann diese Methode auch gut mit der Zwickmühlentaktik kombinieren: Man überlässt dem Befragten die Wahl, entweder seinen Vorsatz zuzugeben oder aber einzugestehen, dass er bei Weitem nicht die Kompetenz besitzt, die er bisher nach außen dargestellt hat.

Beispiel:

„Wenn Sie wie behauptet ein Fachmann wären, hätten Sie gewusst…"

6. Indirekte Ehrangriffe

Diese Taktik ist der Taktik der direkten Ehrangriffe ähnlich. Bei dieser Variante spielen aber Provokation und zusätzlich enthaltene manipulative Elemente eine Rolle. Man kann sie auch sehr gut mit den direkten Ehrangriffen kombinieren.

Außerdem ist sowohl die Methode selbst als auch die genannte Kombination gut dafür geeignet, den Gesprächspartner zu einer emotionalen Reaktion zu bewegen. Auf dieser Reaktion kann man wiederum prima aufbauen. Auch bei schweigenden Befragten kann man so oftmals eine Reaktion erreichen und sie zurück ins Gespräch holen. Dies gilt insbesondere dann, wenn der Befragte überhaupt nichts mehr sagen möchte. Dann kann man ihn mit dieser Systematik oft doch noch zur Fortsetzung des Gesprächs animieren.

Beispiel:

„Da Sie ja angeblich ein Fachmann sind, haben Sie ja sicher gewusst, dass…"

7. Moralvorhaltungen

Mit dieser Manipulationstechnik wird der Befragte gezwungen, sich quasi selbst zu verurteilen. Man wirft ihm seine Verfehlungen auf moralischer Ebene vor und fordert auf dieser Basis eine Stellungnahme zu seiner Verhaltensweise ein. Hier ist die Zwickmühlentaktik bereits eingebaut. Der Befragte hat die Wahl, entweder sein eigenes Verhalten zu verurteilen und dem Interviewer dadurch weitere Ansatzpunkte zu liefern, ihn festzunageln, oder aber sein Fehlverhalten gutzuheißen und damit einzuräumen, über eine fragwürdige Moral zu verfügen. Dabei ist es egal, für welche der beiden Optionen sich der Befragte entscheidet; in beiden Fällen liefert er dem Interviewer genügend Futter, um den Strick um seinen Hals enger zu ziehen.

Beispiel:

„Was würden Sie von einem Mitarbeiter halten, der…?“

8. Ehrenbezeugung

Die Ehrenbezeugung ist das Pendant zu den Ehrangriffen. Im Gegensatz zu den Ehrangriffen lässt der Befrager bei dieser Manipulationstechnik gar keinen Zweifel über die Kompetenz des Befragten aufkommen. Ganz im Gegenteil lobt er diese ggf. sogar über den grünen Klee. Dies tut er freilich nur, um dann im gleichen Atemzug mittels einer meist suggestiv formulierten Frage das Eingeständnis des Befragten quasi als selbstverständlich vorauszusetzen. Zudem fällt es Menschen relativ schwer, erhaltenes Lob gänzlich von sich zu weisen.

Beispiele:

„Ein so gebildeter Mensch wie Sie weiß natürlich, dass…“

„Einem EDV-Experten wie Ihnen passiert so ein Anfängerfehler sicher nicht."

9. Warte- und Gesprächspausen

Bei Warte- und Gesprächspausen ist es von großer Wichtigkeit, diese nach einer offen gebliebenen Frage zu platzieren.

Beispiel:

„Bei einem so kompetenten Fachmann wie Ihnen fragt man sich natürlich schon, wie es sein kann, dass…"

Dann folgt entweder eine Wartepause, bei welcher der Interviewer das Gespräch unterbricht und den Befragten kurz nach draußen schickt, um diesen dann mit der offen gebliebenen Frage zu dessen Verunsicherung alleine zu lassen, oder um den Gesprächsfluss durch eine Gesprächspause zu unterbrechen. Mit einer Gesprächspause ist in diesem Kontext gemeint, dass der Befrager keine weitere Frage mehr stellt, sondern zunächst nichts mehr sagt und durch die offen gebliebene Frage den Ball wieder an den Befragten abgibt. Dann folgt im Idealfall noch eine verstärkende Manipulation durch taktische Anwendung von Körpersprache.

Diese Methode ist in einigen Fällen auch gut geeignet, um einen wortkargen Befragten zum Sprechen zu bringen. Es ist aber gar nicht so einfach, eine Gesprächspause plötzlich und unerwartet zu platzieren, dann souverän zu schweigen und idealerweise gleichzeitig manipulative Körpersprache einzusetzen. Diese Technik bedarf ein gerüttelt Maß an Übung. Schweigephasen für sich genommen bringen jedoch gar nichts und unterbrechen ohne Vorteil nur den Gesprächsfluss. Gesprächspausen sind grundsätzlich zu vermeiden (vgl. Band I), weil sie dem Befragten die Möglichkeit geben, durch Nachdenken Lügen zu konstruieren oder seine Taktik neu zu formieren.

Eine offen gebliebene bedeutende Frage bindet jedoch die kognitiven Fähigkeiten des Befragten und umgeht damit die ansonsten üblichen Nachteile einer Gesprächsunterbrechung. In diesem Zusammenhang ist jedoch unbedingt darauf zu achten, dass sich nur Fragestellungen mit einer gewissen Tragweite für Gesprächsunterbrechungen eignen. Bei unbedeutenden Fragen kommen die Nachteile von Gesprächsunterbrechungen hingegen voll zur Entfaltung, weil diese sich nicht dazu eignen, den Befragten kognitiv zu binden.

10. Kumpelei/Höflichkeit

Geben Sie dem Befragten das Gefühl, auf seiner Seite zu sein und es gut mit ihm zu meinen! Ein gutes Verhältnis des Befragers zum Befragten bzw. Empathie ist ebenso wichtig wie eine gute Befragungstechnik. Daher habe ich bereits im ersten Band betont, wie wichtig es ist, sowohl eine gute Atmosphäre und Beziehung zum Befragten aufzubauen als auch gleichzeitig über herausragende Befragungs- und Wahrnehmungsfähigkeiten zu verfügen. Denn nur, wenn Sie ein empathischer Befragungsspezialist sind, werden Sie herausragende Ergebnisse erzielen können.

11. Körpersprache

Manipulation durch Körpersprache

Wenn Sie diese Buchreihe vollständig und intensiv gelesen haben, dann sind Ihnen viele wirksame Methoden zur Lügenerkennung von Gesprächspartnern bekannt, sowohl verbaler als auch nonverbaler Natur. Sie sind dann aufgrund Ihres theoretischen Wissens in der Lage, verräterische Körpersprache zu erkennen und richtig zu interpretieren. Dadurch eröffnet sich Ihnen eine weitere Chance, welche Sie für die Entwicklung Ihrer Gesprächskompetenz nutzen können. Es geht um die Anwendung Ihrer Kenntnisse für die Manipulation Ihres Gesprächspartners mit der Zielsetzung der Wahrheitsfindung.

Hierbei sind zwei Szenarien möglich:

- → Ihr Gesprächspartner ist in Wahrnehmung und Lügenerkennung nicht geschult.
- → Ihr Gesprächspartner ist in Wahrnehmung und Lügenerkennung geschult.

Szenario 1:

Obwohl Ihr Gesprächspartner nicht in der professionellen Wahrnehmung von nonverbaler Körpersprache geschult ist, nimmt er wie jeder Mensch nonverbale Körpersprachsignale unbewusst war. Durch das unbewusste Wahrnehmen ist er zwar nicht in der Lage, diese Wahrnehmungen aktiv und vorteilhaft im Gespräch für sich einzusetzen, wird aber trotzdem dadurch in seinem Handeln beeinflusst.

Szenario 2:

Ihr Gesprächspartner hat einige Kenntnisse in der Wahrnehmung nonverbaler Verhaltensweisen, weil er beispielsweise ein Buch über Körpersprache gelesen oder einen Kurs zu diesem Thema besucht hat. Er achtet beispielsweise im Rahmen einer Verhandlung auf mögliche verräterische Körpersprachsignale Ihrerseits.

Vorgehensweise bei Szenario 1 und 2:

Stellen wir uns als Beispiel eine Verhandlungssituation vor. Sie müssen jeweils mit dem Verhandlungspartner aus Szenario 1 oder 2 verhandeln. Durch diese Buchreihe wissen Sie, welche Körpersprachsignale für welchen psychologischen Hintergrund stehen, z.B. Körperhaltungen, die von Selbstbewusstsein, Angst, Aufregung oder Neugierde zeugen. Was ich Ihnen jetzt anbiete, ist bereits Ihr nächster Schritt auf dem Weg zum Profi, wenn Sie das Wissen dieses Kurses souverän beherrschen:

Fangen Sie an, Ihre eigene Körpersprache beherrschen und gezielt einsetzen zu lernen! Es macht keinen Unterschied, ob Sie nun Verhandlungspartner von Szenario 1 oder 2 vor sich haben, beide werden Ihnen auf den Leim gehen, wenn Sie gut genug geübt haben. Nehmen wir an, Ihre Verhandlung erstreckt sich auf mehrere Eckpunkte. Einige haben eine sehr hohe Priorität für Sie, andere eine weniger hohe. Fangen Sie mit den weniger wichtigen Verhandlungspunkten an. Bei diesen Punkten lassen Sie den Verhandlungspartner durch die Wahrnehmung Ihrer Körpersprache absichtlich gewinnen, so dass er der Meinung ist, Sie durchschauen zu können. Ein Bauernopfer sozusagen. Bei den wichtigen Punkten zeigen Sie eine zu Ihren Gunsten täuschende Körpersprache. Beispielsweise können Sie sich in Punkten, in denen Sie souverän sind, ängstlich geben und in anderen Punkten, bei denen Sie nicht sattelfest sind, zeigen Sie eine sehr selbstbewusste Körpersprache. Ich habe solche Taktiken erfolgreich während meiner Zeit bei der Kriminalpolizei angewandt. So konnte ich auf legale Art und Weise meinem Gesprächspartner vortäuschen, ich wüsste mehr als er oder ich verfügte scheinbar über weitere Beweise, die ich bislang noch nicht preisgegeben hätte.

In manchen Fällen sagte der Beschuldigte mehr, als er eigentlich vorhatte, da er davon ausgegangen war, ich wüsste sowieso alles Wichtige und er könnte die Situation nur noch bestmöglich retten (beispielsweise durch ein freiwilliges Geständnis, das zu einer Strafmilderung führen kann). Gerade dadurch erfuhr ich jedoch manchmal erst Dinge, die für mich wichtig waren und die ich auf anderem Wege niemals derart einfach in Erfahrung gebracht hätte. Das ist nur eines von vielen denkbaren Beispielen, wie Manipulation durch Körpersprache der Wahrheitsfindung dienlich sein kann. Einfach ausgedrückt könnte man sagen, dass Sie davon profitieren, wenn der Befragte Sie überschätzt. In anderen Fällen können Sie wiederum von einer genau konträren Einschätzung Ihrer Person durch den Befragten profitieren. Beziehen Sie daher die Wirkung, die Sie auf Ihren Gesprächspartner ausüben möchten, bereits vor Gesprächsbeginn in Ihre Taktik mit ein und treffen Sie entsprechende Vorbereitungen.

12. Stimme/Tonlage/Gebärden

Stimmlagen, Tonlagen und Gebärden stellen ein wirkungsvolles Mittel zur Manipulation dar. Sie können auf zweierlei Arten manipulativ eingesetzt werden, nämlich beim Sprechen und beim Zuhören.

Beim Sprechen kann man mit einer dunklen, sonoren Stimme eine hohe Statusposition einnehmen und souverän wirken, mit einer lauten, aggressiven oder nervösen Stimme hingegen einschüchtern und dominant wirken. Beim Zuhören kann man durch die Äußerung bestimmter Laute Ablehnung, Anzweifelung oder Verachtung ausdrücken. Mit den gleichen Intentionen wie bei der Stimme kann man auch mit Gebärden erfolgreich agieren. Auch hier bietet es sich an, Stimme und Gebärden zu einem homogenen Ganzen zu kombinieren, um damit noch bessere Manipulationserfolge zu erzielen.

Eine Möglichkeit ist die Anwendung dominanter Körpersprachgesten wie beispielsweise der gestreckte Zeigefinger oder Stift bzw. die geballte Faust zur Betonung einer Aussage. Wenn Sie eine dominante Körpersprache zeigen wollen, dann verzichten Sie unbedingt darauf, während des Gestikulierens dem Gesprächspartner die Handinnenflächen zu zeigen. Denn mit offenen Handinnenflächen bekunden Sie auch eine offene Haltung und diese wollen Sie in diesem Fall ja strikt vermeiden.

Eine Ausnahme wäre es, wenn Sie die offenen Handflächen innerhalb einer Abwehrbewegung einsetzen (Stopp-Gesten). Eine interessante und wirkungsvolle Geste stellt auch das plötzliche Aufstehen bzw. Aufspringen aus der Sitzposition heraus dar. Sie können dann von oben herab einen plötzlichen Monolog halten oder mit gelangweilter und ungläubiger Stimme den Gesprächspartner auffordern, seine Ausführungen fortzusetzen, je nachdem welche Wirkung Sie beim Gesprächspartner erzielen möchten. Durch das Aufstehen senden Sie verschiedenste nonverbale Signale an das Unterbewusstsein Ihres Gesprächspartners. So können Sie mit dieser Geste beispielsweise deutlich machen, dass Sie sich einen Verstoß gegen die Etikette erlauben können, weil Sie entsprechend Ihres Status höher stehen.

13. Zeitdruck

Zeitdruck eignet sich nur in bestimmten und wenigen Fällen, kann da aber sehr wirkungsvoll manipulativ eingesetzt werden. Grundsätzlich gilt natürlich, dass eine Befragung niemals unter Zeitdruck stehen sollte, wenn man optimale Gesprächsergebnisse erzielen möchte.

Deshalb geht es bei der Zeitdruckmanipulation im Marco Löw Befragungssystem nicht darum, eine Befragung unter Zeitdruck zu führen, sondern vielmehr darum, einen solchen vorzutäuschen. Eine Manipulation durch Zeitdruckvortäuschung kann wiederum verbal oder nonverbal aufgebaut werden. Nonverbal beispielsweise durch den demonstrativen Blick zur Uhr und verbal durch entsprechende Killerphrasen wie: „Dazu haben wir jetzt keine Zeit." oder: „Jetzt müssen wir langsam zum Ende kommen."

14. Unterbrechungen/erzwungene Antwortpausen/ Monologisieren/Ignorieren

Diese Manipulationsmethode dient dazu, den Gesprächspartner aus dem Konzept zu bringen und in eine Unterlegenheitsposition zu transferieren. Allein dieser Punkt könnte ein ganzes Kompendium füllen, weswegen im Rahmen dieses Buches nur einige Punkte angesprochen werden können. Sie können Ihren Gesprächspartner mit verschiedensten Methoden verunsichern oder aus dem Konzept bringen: Beispielsweise durch Unterbrechungen, Zwischenfragen, plötzliches Vorbringen eigener Argumente und Sichtweisen oder auch durch Ignorieren.

Beim Ignorieren gibt es unterschiedliche Stufen, die jeweils eine unterschiedliche Schwere an Manipulation und an Provokation erhalten. Provokative Techniken sollten Sie aber grundsätzlich nur dann anwenden, wenn Sie eine entsprechende emotionale Reaktion erzeugen möchten. Diese emotionale Reaktion wiederum muss für Sie gesprächstaktisch verwertbar sein. Ist sie das nicht, dann belasten Sie mit solchen Fragen das Gesprächs- und Vertrauensklima nur unnötig und schießen sich eher ein Eigentor. Auch hier gilt: Manipulationstechniken müssen mit Augenmaß und einzelfallbezogen angewendet werden! Man kann sich das wie bei einer Arznei vorstellen: Die richtige Menge kann großen Nutzen bringen, die falsche Menge bzw. eine Überdosierung großen Schaden anrichten. Zudem gibt es keine Universal-Medizin, sondern es kommt auf das richtige Mittel für das jeweilige Leiden an. Voraussetzung ist aber, zunächst einmal die richtige Diagnose zu stellen. Diese müssen Sie während des Gesprächsverlaufes ermitteln, bevor Sie anfangen, „Manipulations-Medizin“ zu verabreichen. Ignorieren kann beispielsweise ganz banal ein simples Vermeiden des Augenkontaktes sein oder ein Herumspielen an einem Gegenstand. Man kann dies natürlich leicht steigern, indem man dem Befragten die nächste Frage stellt und damit die Angaben seiner letzten Antwort ignoriert. Man kann gar die gleiche Frage erneut stellen. Wenn der Befragte daraufhin entgegnet, er habe die Frage bereits beantwortet, negiert man dies ungerührt oder führt aus, seine Antwort sei nicht ehrlich, nicht ausführlich genug oder nichtssagend gewesen und man wünsche jetzt eine brauchbare Antwort. Des Weiteren stellen Monologe eine effektive Form des Ignorierens dar, vor allem wenn sie zeitintensiv sind und sich der Gesprächsführer eine Unterbrechung verbittet. Der Gesprächsführer kann aber auch so agieren, dass er seinerseits das Gespräch immer wieder an taktisch günstigen Stellen abbricht bzw. dem Befragten ins Wort fällt oder diesen abwürgt.

15. Goldene Brücken

Goldene Brücken zu bauen, ist ein sehr facettenreiches Thema. Ich unterrichte es ausführlich in der Ausbildung zum forensischen Befragungstaktiker. Als wichtigster Grundpfeiler zum Erarbeiten einer Strategie der goldenen Brücken hilft uns das Wissen um die drei Rechtfertigungsgründe und die Motivationen zur Leugnung oder zum Ablegen eines Geständnisses.

Man führe sich vor Augen, dass der Mensch immer eigennützig denkt und aus zwei Alternativen immer die für ihn günstigste auswählt. Die Alternative heißt für den Verdächtigen grundsätzlich Leugnen oder Zugeben. Durch erfolgreiches Abstreiten kann der Verdächtige die Nachteile seiner Tat vermeiden und die Vorteile seiner Tat sichern. Durch ein Geständnis kann der Täter Schadensbegrenzung betreiben und den Sachverhalt aus seiner Sicht darstellen. Dabei kann er versuchen, sein Handeln zu verharmlosen oder zu rechtfertigen. Mit diesem Hintergrundwissen wird nun beim Bau goldener Brücken dem Befragten suggeriert, es gebe nur zwei Handlungsalternativen. Beide Handlungsalternativen räumen seine Schuld ein, aber eine davon muss die für ihn bessere Alternative sein. Die bessere Alternative rechtfertigt seine Tat moralisch, aber nicht strafrechtlich! Die schlechtere Alternative lässt ihn sowohl strafrechtlich als auch moralisch schlecht dastehen. Es kommt nun darauf an, ausgehend von einer Charaktereinschätzung im Vorfeld, dem Täter während des Gesprächsverlaufes Auswahlalternativen anzubieten, mit denen er sich identifizieren kann und die ihn zum Geständnis führen.

Wenn man beispielsweise die Tat als Handlung zum Wohle der Familie zum Baustein einer goldenen Brücke verwendet, so wird dies nur Wirkung erzielen, wenn der Befragte sich auch selbst gerne als den treusorgenden Familienvater wahrnimmt und darstellt. Man kann beim Bau goldener Brücken auch die Manipulationstaktik des Ignorierens einbauen, in dem man Einwände des Verdächtigen hinsichtlich seiner Täterschaft ignoriert und mit dem Bau goldener Brücken ungerührt weitermacht.

Man könnte beispielsweise wie folgt fragen:

„Herr Huber, haben Sie das zum ersten Mal oder schon öfters gemacht?"

Wenn Herr Huber zu der Meinung gelangt, er, der die Tat tatsächlich nur einmalig begangen hat, komme nicht mehr umhin, die Tat einzuräumen, dann wird er vermutlich nicht auch noch als Gewohnheitstäter dastehen wollen. Als Ersttäter kann man sich moralisch wesentlich besser rechtfertigen, als dies als Gewohnheitstäter der Fall ist. Zudem kommen in letzterem Fall härtere Sanktionen, wie z.B. ein höheres Strafmaß, in Betracht. Entscheidend ist jedoch, den Täter zunächst von der Sinnlosigkeit des Abstreitens zu überzeugen und ihm dann moralische goldene Brücken, aber keine strafrechtlichen goldene Brücken zu bauen.

16. Good Guy / Bad Guy Methode

Diese Methode kann in Einzelfällen ziemlich wirkungsvoll sein und ist aus zahlreichen US-amerikanischen Polizeiserien einer großen Öffentlichkeit bekannt geworden. Genau dieser Umstand ist jedoch auch der Schwachpunkt der Methode. Ein erfahrener Beschuldigter weiß, wie er diese Methode aushebeln kann. Im Gegensatz zur Polizei haben unternehmensinterne Ermittler jedoch selten mit polizeierfahrenen Straftätern zu tun und deswegen kann Ihnen diese Methode in manchen Fällen wertvolle Dienste leisten.

In den USA wird diese Methode Good-Cop-/Bad-Cop genannt. Hierbei führen zwei Polizeibeamte die Vernehmung und nehmen dabei unterschiedliche Rollen ein. Der gute Polizist ist verständnisvoll, einfühlsam und präsentiert sich dem Beschuldigten als Freund. Er bietet ihm einen Kaffee oder eine Zigarette an. Der böse Polizist hingegen arbeitet mit Drohgebärden, erhebt die Stimme und droht dem Beschuldigten mit allen möglichen Konsequenzen für den Fall, dass der Beschuldigte nicht endlich gesteht.

Das geht manchmal sogar soweit, dass der böse Polizist sich vor dem Beschuldigten aufbaut und eine drohende Haltung einnimmt und der gute Polizist dazwischen geht. Dann fangen beide Beamte einen künstlichen, aber echt wirkenden Streit an und der böse Polizist verlässt letztlich wutschnaubend den Raum, während der gute Polizist sich wieder als Freund des Beschuldigten präsentiert und diesem gut zuredet. Manchmal entschuldigt er sich noch für seinen Kollegen.

Letztlich wechseln sich der gute und der böse Polizist in ihren Rollen immer ab und wollen dadurch erreichen, dass der Beschuldigte zum guten Polizist Vertrauen bekommt und diesem gegenüber die Tat dann zugibt, sei es aus einer freundschaftlich-moralischen Verpflichtung heraus oder deswegen, weil er den bösen Polizisten loswerden möchte. Die Aushebelung der Methode funktioniert so, dass der Befragte ein atypisches Verhalten zeigt. Er ist dem guten Polizisten gegenüber frech und unverschämt und dem bösen Polizisten gegenüber höflich und korrekt. Wenn dies passiert, ist die Show vorbei. Ein erneuter Rollentausch würde keinen Sinn mehr machen, denn die Taktik ist durchschaut.

17. <u>Ermüdung (nicht für Polizisten!)</u>

Die Ermüdung fällt ganz klar unter den § 136a StPO und stellt deshalb keine Handlungsoption für Mitglieder der staatlichen Strafverfolgungsbehörden oder sonstige

Personen dar, die an die StPO gebunden sind. Aber selbst bei Befragungen, die außerhalb der StPO stattfinden, sollte man stets ein drohendes Verwertungsverbot im Hinterkopf behalten, auch wenn keine Sanktionierung droht.

Mit Ermüdung ist im Marco Löw Befragungssystem daher weniger das Schaffen einer totalen Ermüdungssituation gemeint, sondern vielmehr das Ausnutzen von Ermüdungseffekten. So könnte man eine Befragung am Freitagnachmittag nach dem regulären Dienstschluss ansetzen oder montags ganz in der Frühe mit einem etwas übernächtigten Befragten. Es reicht schon aus, wenn er nicht topfit ist, unter Zeitdruck steht oder unbedingt ins Wochenende möchte, um sich in der einen oder anderen Situation einen kleinen Vorteil zu verschaffen.

Allerdings ist die Ermüdung selbst im Sinne von § 136a StPO erst dann gegeben, wenn diese derart stark ausgeprägt ist, dass die Willensfreiheit des Befragten beeinträchtigt wird. Daher gibt es selbst für Angehörige der Strafverfolgungsbehörden einen gewissen Spielraum für ihren taktischen Einsatz.

Die 17 Lügenmotivationen

Die 17 häufigsten Ursachen/Gründe für Lügen:

1. Angst vor Repressalien/Bestrafung
2. Schutzverhalten gegenüber dritten Personen
3. Vorteilserlangung
4. Rachsucht
5. Konformität mit der gesellschaftlichen Meinung
6. Egobefriedigung/Selbstwerterhöhung
7. Angst vor Gesichtsverlust
8. Wahrheitsflucht
9. Folgelügen
10. Irrtum
11. Scham
12. Eitelkeit/Geltungssucht
13. Widerstandsvermeidung
14. Höflichkeit
15. Hinterlistigkeit
16. Faulheit
17. Mangel an Vertrauen

Psychologie des Lügens

Für die erfolgreiche Identifizierung von Lügen ist ein Basiswissen über psychologische Verhaltensmuster und Denkweisen von Lügnern hilfreich. Daher möchte ich Ihnen nachfolgend hierzu einige wichtige Gedanken vermitteln. Zunächst einmal stellen wir uns die Frage, was denn die Motivation zur Lüge sein kann. Denn aus der Motivation zu einer Tat lässt sich auch die Zielsetzung des Handelnden, in dem Fall des Lügners, ableiten. Wenn man vor einem Gespräch analysiert, welche Lügenmotivationen der Gesprächspartner in Bezug auf den vorliegenden Fall ggf. haben könnte, dann ist dies sowohl zum Durchschauen der gegnerischen Gesprächstaktik als auch zum Bau goldener Brücken hilfreich.

Bei bedeutsamen Lügen wägen Lügner die Vor- und Nachteile des Lügens zumeist ab. Ein geringes Entdeckungs- und Bestrafungsrisiko, das einem hohen Eigennutzen gegenübersteht, ist oftmals die maßgebliche Lügenmotivation bei egoistischen Menschen. Selbstlose Zeitgenossen lügen aus ganz anderen Gründen, zum Beispiel aus Idealismus für eine bestimmte Sache. Daher werden wir uns nachfolgend die verschiedenen Lügenmotivationen im Einzelnen anschauen. Mit den Gründen für das Ableugnen einer Tat haben wir uns im bisherigen Verlauf der Buchreihe befasst.

Ebenso haben wir die drei Rechtfertigungsdenkweisen besprochen.

Ein berühmtes Zitat von Sunzi, einem General und Militärstrategen, der vor ca. 2500 Jahren in China lebte, lautet:

„Kenne Deinen Feind und kenne Dich selbst und der Sieg wird Deiner sein."

Dieses Motto lässt sich bestens zur Lügenentlarvung verwenden. Zwar ist der Befragte nicht der Feind des Interviewers, jedoch verfolgen beide naturgemäß konträre Zielsetzungen. Insofern versuchen beide Parteien den Gesprächsverlauf zu ihren Gunsten und zu Ungunsten des Gesprächspartners zu beeinflussen und zu steuern. Es handelt sich daher letztlich um nichts anderes als um kommunikative Kriegsführung. Ähnlich einer Schlacht sind die Unterschiede zwischen Sieg und Niederlage gravierend und ähnlich einer Schlacht versuchen beide Parteien ihr Kriegshandwerk (Taktik, Wahrnehmung, Feindanalyse) und das zu ihrer Verfügung stehende Kriegsmaterial (Argumente) so effizient wie möglich einzusetzen. Sobald eine von beiden Parteien einen taktischen Fehler macht, kann die andere Partei davon profitieren. Man stelle sich daher letztlich zwei Generäle vor, die eine Verbalschlacht ausfechten.

Damit Sie immer zu den Gewinnern zählen, kommt es nun darauf an, sowohl bezüglich Ihres Kriegshandwerks als auch hinsichtlich Ihres Kriegsmaterials dem „Feind" überlegen zu sein. Nur so sind dauerhafte und wiederkehrende Siege eine systematische Gesetzmäßigkeit und kein Zufall. Um auf das Zitat von Sunzi zurückzukommen: Wenn Sie aufgrund Ihres Wissens und Könnens in der Lage sind, Ihren Gesprächspartner zutreffend einzuschätzen, seine Manipulationen zu durchschauen, seine Denkweise und Lügenmotivation fundiert zu beurteilen und gleichzeitig um Ihr eigenes richtiges Auftreten, Wirken und Argumentieren wissen, so wird Ihnen der Sieg (das gewünschte Gesprächsergebnis) sicher sein.

1. Angst vor Repressalien/Bestrafung

Diese Lügenursache ist eine der häufigsten und eigentlich jedem bekannt. Fast jeder hat schon einmal aus Angst vor Bestrafung gelogen, ob als Kind den Eltern gegenüber, als Schüler dem Lehrer gegenüber oder auch im beruflichen oder privaten Umfeld des Erwachsenenlebens. Bei einigen Menschen gibt es in der Berufswelt Dinge, deren Entdeckung für sie unangenehme Konsequenzen hätte. Je weitreichender die Konsequenzen, desto beharrlicher die Lüge. Die untreue Ehefrau wird bei ihrer Lüge unterschiedlich hartnäckig lügen, je mehr für sie auf dem Spiel steht. Ob sie davon ausgeht, dass ihr Mann ihr verzeihen oder sie sicher verlassen wird, ist daher für sie auch unter Umständen eine existenzielle Frage. Deswegen ist die Lügenaufdeckung oft auch eine Frage des Ermittelns der Lügenmotivation. Eine etwas hinterhältige, aber manchmal unvermeidliche Taktik besteht in solchen Fällen durch das Schaffen goldener Scheinbrücken. Im Fall des betrogenen Ehemanns könnte dieser seiner Frau versprechen, sie nicht zu verlassen, wenn sie ihm die volle Wahrheit offenbart, und es letzten Endes dann doch tun.

2. Schutzverhalten gegenüber dritten Personen

Eine oft übersehene Frage ist, ob der Lügner durch die Wahrheit nur sich selbst in eine unvorteilhafte Position bringen würde oder auch andere Personen. Gerade dann, wenn der Lügner mittels der Lüge eine andere Person zu schützen sucht, kämpft er aus seiner Sicht durch die Lüge um das Wohlergehen der anderen Person. Dies ist zum Beispiel eine typische Lügenmotivation für Personen, die sich selbst zu Unrecht belasten. Wenn der Ermittler trotz eines Geständnisses nicht vollständig von der Schuld des Gestehenden überzeugt ist, sollte er sich die Frage stellen, ob dieser Grund der Lügenmotivation zutreffen könnte.

In solchen Fällen sind diese sechs Fragen besonders relevant:

- → Könnte es eine solche dritte Person geben?
- → Um wen könnte es sich handeln?
- → Wie nahe steht ihm/ihr diese dritte Person?
- → Welche Konsequenzen hätte eine wahrheitsgemäße Aussage für die dritte Person?
- → Steht er/sie zu der dritten Person in einem persönlichen Abhängigkeitsverhältnis?
- → Welche Konsequenzen hätte eine mögliche Rache dieser dritten Person gegen ihn/sie für ihn/sie persönlich?

Beim Schutzverhalten gibt es wiederum zahlreiche denkbare Konstellationen. So ist mir zum Beispiel ein lange zurückliegender Fall bekannt, der sich in einer kleinen Dorfgemeinschaft abspielte. Ein Angehöriger der ortsansässigen freiwilligen Feuerwehr hatte in einer Diskothek im Streit einen anderen Discobesucher mit mehreren Fausthieben niedergestreckt. Das Opfer war mit seiner Freundin ausgegangen, deren Vater ebenfalls der freiwilligen Feuerwehr desselben Ortes angehörte. Damit dem Feuerwehrkameraden keine strafrechtlichen Konsequenzen drohten, sagten mehrere Zeugen, die ebenfalls Feuerwehrleute waren, vor Gericht wahrheitswidrig aus, das Opfer habe den Streit angefangen. Die Freundin des Opfers sagte hingegen wahrheitsgemäß vor Gericht aus. Der Vater der Freundin des Opfers war bei der Gerichtsverhandlung als Zuschauer anwesend. Er war kurz zuvor von einem der besagten Zeugen aufgesucht worden. Dieser hatte ihm die Wahrheit gebeichtet. Vor Gericht wurde letztlich das Opfer als Täter verurteilt und mit ihm seine Freundin wegen falscher uneidlicher Aussage. Der Vater der Frau hätte durch sein Einschreiten den Gerichtsverlauf völlig ändern können, konnte sich aber nicht dazu durchringen, seine Feuerwehrkumpanen zu verraten. Hätte er dies getan, so hätte er sich in der Dorfgemeinschaft und bei der ortsansässigen Feuerwehr nicht mehr blicken lassen können. So verriet er lieber seine eigene Tochter. An diesem Beispiel sieht man, wie mächtig Schutzverhaltensmotivationen sein können.

Eine ganz andere Variante ist der Schutz vor Enttäuschung. Demzufolge bringt es der Geschäftsmann nicht fertig, seiner Familie oder seinen Freunden gegenüber einzugestehen, dass die Firma auf der Kippe steht. Er behält die unangenehme Wahrheit für sich, weil er das unbeschwerte Leben seiner Frau und seiner Kinder erhalten möchte. Eine sehr fatale Variante ist hierbei eine Methode, mit welcher Pädophile ihre Opfer oft zum Schweigen bringen. Sie erzählen dem kleinen Kind, seine Eltern würden sterben, sollte es jemandem etwas verraten. Für die vernehmenden Polizeibeamten stellen solche Fälle immer wieder eine große Herausforderung dar, denn das Kind leugnet in dem Glauben, seine geliebten Eltern vor dem sicheren Tod zu bewahren. Die ermittelnden Polizeibeamten benötigen hierfür nicht nur ein hohes Maß an Einfühlungsvermögen, sondern müssen es auch argumentativ schaffen, das Kind zu überzeugen, dass seinen Eltern nichts geschehen wird. Das Problem hierbei ist, dass das Kind in vielen Fällen aber seitens des Täters bereits massiv eingeschüchtert wurde. So schützt es durch seine Falschaussage nicht nur den Täter, sondern aus seiner Sicht in erster Linie seine Eltern. Bei erwachsenen Personen habe ich oft erlebt, dass eine unbescholtene Frau mit einem sogenannten Bad Guy liiert war und diesen durch eine falsche Aussage zu ihren Lasten schützte. In einem Fall beging der Bad Guy einen Ebay-Betrug, bei dem er sich hinter dem Account seiner Partnerin tarnte.

Er hatte jedoch zeitgleich eine offene Bewährungsstrafe, während seine Lebensgefährtin strafrechtlich völlig unbefleckt war. Sie hatte schlimmstenfalls mit einer Geld- oder Bewährungsstrafe zu rechnen, er jedoch mit einem längeren Gefängnisaufenthalt. Durch Vernehmungstaktik konnte ich schließlich den wahren Sachverhalt klären. Der Täter musste daraufhin seine Haftstrafe antreten. Seine Lebenspartnerin hatte in der Vernehmung mit allen Mitteln versucht, die Schuld auf sich zu lenken und mir die Ermittlung der Wahrheit so schwer wie möglich zu machen.

3. <u>Vorteilserlangung</u>

Vorteilsdenken ist heutzutage weit verbreitet. Sehr oft trifft diese Lügenmotivation auf karrieresüchtige Menschen zu. Um ihre Reputation und damit auch ihre Karrierechancen innerhalb des Unternehmens zu optimieren, lasten sie eigene Fehler gerne anderen Kollegen an, während sie gemeinsame Erfolge vornehmlich als ihre Einzelleistung verkaufen. Aber auch im privaten Bereich begegnet uns diese Lügenmotivation relativ häufig. Das Kind, das entweder angeblich schon Zähne geputzt hat, um es nicht noch tun zu müssen, oder angeblich noch nicht Zähne geputzt hat, um noch eine Süßigkeit zu bekommen. Die Partnerin die ihrem Partner fest versprochen hat, das Rauchen aufzugeben oder zumindest stark zu reduzieren, und angeblich den ganzen Tag noch keine Zigarette geraucht hat und sich dafür jetzt eine verdient habe und dergleichen.

Das Vorteilsstreben kann vielfältige Ausprägungen haben. Es muss nicht unbedingt ein materieller Vorteil oder ein direktes Machtstreben zugrunde liegen. Denkbar ist beispielsweise auch der Fall, durch eine Falschaussage einen lästigen Kollegen oder Mitkonkurrenten loszuwerden oder in seine Schranken zu weisen. Ebenso wenig dürfen Liebschaften am Arbeitsplatz unterschätzt werden. Schon so manche Intrige wurde gesponnen, um innerhalb einer Bürogemeinschaft einen lästigen Nebenbuhler loszuwerden. Eine Kündigung oder Versetzung des Nebenbuhlers scheint so manchem Menschen ein probates Mittel zu sein, um seine privaten Interessen am Arbeitsplatz durchzusetzen. Deshalb sollte gerade bei der Aufklärung von Mobbingvorfällen nicht nur auf das berufliche Umfeld geachtet werden. Die meisten von uns verbringen mehr Lebenszeit bei der Arbeit als in der Freizeit. Daher sind private Motivationslagen nicht in wenigen Fällen auch am Arbeitsplatz die Antriebfeder.

4. Rachsucht

Rachsucht ist eine der gefährlichsten Lügenmotivationen, kann sie doch leicht fanatische Züge annehmen und oftmals über das Ziel hinausschießen.

Grundsätzlich ist zwischen zwei Rachemotivationen zu unterscheiden:

- → Rache gegen die Person des Gesprächspartners, also gegen Sie,
- → Rache gegen eine dritte Person.

Bei der ersten Variante geht es Ihrem Gesprächspartner darum, sich an Ihnen selbst durch die Lüge zu rächen. Hierfür sollte es aber einen Grund geben, der Ihnen bekannt ist und den Sie bei der Glaubhaftigkeitsbeurteilung der Aussagen Ihres Gesprächspartners berücksichtigen sollten. Bei der zweiten Variante möchte der Lügner Sie persönlich als Rachewerkzeug missbrauchen, sei es, dass Sie die dritte Person kennen oder nicht. Wenn Ihr Gesprächspartner nun eine andere Person in der Form belastet, dass dies gleichzeitig bei Ihnen zu einer Abneigung gegen diese dritten Personen führt, sollten Sie sich die Frage stellen, ob eine Lüge Ihrem Gesprächspartner einen Vorteil oder Ihnen einen Nachteil brächte. Nicht umsonst sieht mein Befragungssystem auch hier einen speziellen Indikator vor.

5. Konformität mit der gesellschaftlichen Meinung

Der Mensch ist ein Herdentier und den meisten von uns ist die Meinung der anderen über sich sehr wichtig. Vertritt der Einzelne eine Meinung, die den vorherrschenden gesellschaftlichen Normen und Werten widerspricht, erfordert es oftmals sehr viel Mut und Selbstbewusstsein, um zu dieser gegenteiligen Meinung notfalls gegen alle Widerstände offen zu stehen. Da nicht jeder über ein so hohes Maß an Courage verfügt, passen viele Menschen ihre Meinung der gesellschaftlichen

Meinung an. Diese Anpassung führt zwangsläufig zur Lüge. Sehr interessant sind in diesem Zusammenhang Abstimmungen in Internetforen zu heiklen Themen. Die Umfrageergebnisse zum gleichen Thema schwanken sehr stark, je nachdem ob es sich um eine öffentliche oder anonyme Umfrage handelt. Diejenigen, die bei der öffentlichen Umfrage anders abstimmen als bei der anonymen Umfrage zur gleichen Fragestellung, sind letztlich Lügner aus Feigheit vor einer Konfrontation mit der gesellschaftlichen Meinung.

6. Egobefriedigung/Selbstwerterhöhung

Selbstdarsteller sind in vielen Fällen oft ebenfalls Lügner. Wirklich erfolgreiche Menschen verspüren in der Regel kein Bedürfnis, sich nach außen betont groß darzustellen. Sie wissen, was sie können, und sind sich darüber im Klaren, dass dies auch ihren Mitmenschen bewusst ist. Im Gegenteil dazu steht der akzentuierte Selbstdarsteller, der allen Mitmenschen von seiner Genialität berichtet. Ein altes Sprichwort besagt: „Wer angibt, hat es nötig.“ Prüfen Sie daher prahlerische Gesprächspartner auf Schwachpunkte! Sie werden sicher fündig werden. Diese Schwachpunkte werden Sie schnell zur Lüge führen, denn Selbstdarsteller können sich einen nach außen sichtbaren Persönlichkeitsmakel nicht leisten. Vielmehr spielen Selbstdarsteller oftmals eine Rolle, die sie selbst gerne im realen Leben einnehmen würden. Manche Selbstdarsteller steigern sich so in ihre Rolle hinein, dass sie selbst daran glauben. Dadurch werden sie für ihre Mitmenschen zu gefährlichen Lügnern, da sie ihre eigenen Lügen für die Wahrheit halten. Manche Menschen sind geradezu süchtig nach Lob, beispielsweise nach dem Lob ihrer Vorgesetzten. Um dieses zu erhalten, sind ihnen alle Mittel recht, auch infame Lügen, wenn es sein muss. So sollte man bei der Aufklärung von Mobbingsituationen stets den Charakter, die Motivationslagen und das berufliche und private Umfeld der involvierten Personen in die Ermittlungen miteinbeziehen. Lügen können auch materieller Art sein. Viele Hochstapler arbeiten mit geliehenen oder vorgetäuschten Statussymbolen. Dadurch öffnen sich so manche Türen und es ergeben sich für sie nie dagewesene Kontakte und Gelegenheiten.

7. Angst vor Gesichtsverlust

Angst vor Gesichtsverlust ist ein weiterer Lügengrund. Hier spielen kulturelle Hintergründe eine große Rolle. In Japan gibt es zum Beispiel nach wie vor einzelne Menschen, die sich der alten Samuraitradition verpflichtet fühlen und sich bei öffentlichem Gesichts- bzw. Ehrverlust selbst töten. „Besser sterben, als in Schande zu leben", formuliert treffend ein japanisches Sprichwort.

Auch in muslimisch geprägten Kulturkreisen spielt das Ehrgefühl eine große Rolle und somit ist es äußerst wichtig, das eigene Gesicht zu wahren. Hierzulande ist die Angst vor Autoritätsverlust sehr ausgeprägt. Bestimmten Berufsgruppen wird durch die gesellschaftliche Meinung eine Art Unfehlbarkeit zugeschrieben. Neben dem Papst und hochrangigen Kirchenvertretern fallen darunter auch Ärzte, Rechtsanwälte, Mechanikermeister und Professoren. Sie werden höchst selten erleben, dass Vertreter dieser Berufsgruppen Fehler in ihrer Berufsausübung offen und ohne Not eingestehen. Auch für manche Geschäftsführer und Manager ist es schwer, Fehlentscheidungen einzuräumen. So werden beispielsweise Personalentscheidungen bis zum bitteren Ende verteidigt, auch wenn die Fehlbesetzung noch so offensichtlich ist.

Die meisten Menschen spielen eine Rolle in ihrem Leben. Nicht umsonst hat beinahe jeder Mensch bereits die Erfahrung gemacht, wie unterschiedlich sich Menschen im beruflichen und privaten Umfeld geben und wie anders manche Menschen doch sind, wenn man sie erst einmal näher kennengelernt hat. Diese Rolle ist oftmals schon seit vielen Jahren gewachsen. Ein Verlust der Rolle käme nahezu einem Verlust der eigenen Identität gleich. Kein Wunder also, dass man hier mit hartnäckigen Lügnern rechnen muss.

Zurück zu unserem Beispiel des Geschäftsmannes, der seine Familie vor Enttäuschung schützen möchte. Vielleicht ist er gar kein so altruistischer Familienmensch und hat vielmehr Angst davor, vor seiner Familie sein Gesicht zu verlieren und seinen Unfehlbarkeitsnimbus einzubüßen. Dies ist besonders dann wahrscheinlich, wenn er auf seine persönliche Autorität einen großen Wert legt. Von Zeit zu Zeit erfährt man durch die Medien von bekannten Geschäftsleuten, die sich nach dem Konkurs ihrer Firma das Leben nehmen. Nun könnte man annehmen, sie hätten möglicherweise Angst vor einem Leben in Armut gehabt. Tatsache ist jedoch, dass diese Gefahr kaum besteht. Die meisten großen Firmen sind als GmbH oder AG nur zu einem kleinen Teil oder gar nicht mit einem persönlichen Haftungsrisiko des Firmeninhabers verbunden. Darüber hinaus haben sehr wohlhabende Leute nahezu allesamt eine breite Streuung ihres Vermögens in Geld, Aktien, Immobilien und Goldwerten. Eine echte Insolvenz eines Unternehmers ist daher äußerst unwahrscheinlich. In den vergangenen Finanzkrisen wurde mancher Milliardär zum Multimillionär herabgestuft. Wirklich schlecht geht es ihm dadurch auf finanzieller Ebene sicher nicht.

Beim Bau goldener Brücken sollten Sie daher wenn möglich immer versuchen, mit einer der beiden Alternativen wenigstens einigermaßen eine Gesichtswahrung zuzulassen. Auch ist ein Bloßstellen vor anderen kaum der Wahrheitsfindung förderlich.

8. Wahrheitsflucht

Manche Zeitgenossen leben nach dem Motto: „Es kann nicht sein, was nicht sein darf!“. Das Eingestehen der Wahrheit würde ihr gewohntes Leben zu sehr durcheinander bringen. Deshalb wird nach außen der Schein um jeden Preis gewahrt. Beispiele aus dem alltäglichen Leben gibt es hierzu unzählige: Das Vortäuschen einer intakten Familie, das Vortäuschen von Erfolg und Besitz (während die Leasingraten für den Sportwagen kaum bezahlt werden können), das Vortäuschen von Fähigkeiten usw. Die Wahrheitsflucht kann sowohl nach außen als auch nach innen gerichtet sein.

Beispiele:

Der jugendliche Erwachsene möchte sich und seinen Eltern nicht eingestehen, dass er noch nicht eigenständig sein Leben ausreichend regeln kann.

Das Ehepaar gesteht sich nicht ein, dass die Ehe gescheitert ist und man sich auseinandergelebt hat.

Der Geschäftsmann gesteht sich nicht ein, dass er nicht mehr so erfolgreich ist, wie er früher war.

Der Existenzgründer gesteht sich oder anderen nicht

ein, dass seine Geschäftsidee nicht funktioniert und beantragt bei der Bank unter Vorspiegelung falscher Tatsachen neue Kredite, mit denen er sich weiter verschuldet.

9. Folgelügen

Lügen haben kurze Beine, so weiß der Volksmund. Entlarvte Lügen stellen den Lügner vor anderen bloß. Weil dies von den meisten Lügnern gefürchtet wird, haben die wenigsten den Mut, eine Lüge von sich aus anderen gegenüber zuzugeben. Manchmal ziehen einmal gegebene Lügen notwendige Folgelügen nach sich, um die Ursprungslüge nicht preiszugeben. Auch die Folgelügen wiederum führen zu weiteren Folgelügen und der Lügner gerät immer mehr in einen Lügenkreislauf, aus dem es kein Entrinnen gibt, bis eines Tages das ganze Lügengebilde wie ein Kartenhaus zusammenbricht.

10. Irrtum

Diese Sonderform der Lüge wird oftmals vergessen. „Überzeugungen sind gefährlichere Feinde der Wahrheit als Lügen!“, wusste schon Friedrich Nietzsche. Von Galileo Galilei stammt das folgende Zitat: „Zwei Wahrheiten können sich nie widersprechen.“ Wenn Sie also eine Aussage Ihres Gesprächspartners für unglaubwürdig halten, gleichzeitig aber der Meinung sind, dass dieser Sie niemals bewusst anlügen würde, dann prüfen Sie die Möglichkeit des Irrtums.

Das berühmte Drama von William Shakespeare Romeo und Julia gibt ein gutes Beispiel für die Richtigkeit der oben zitierten Aussage von Friedrich Nietzsche: Gegen Ende des Dramas begegnet Romeo seiner Geliebten, die mittels eines Schlaftrunks in einen komatösen Zustand versetzt worden ist. Er hält sie fälschlicherweise für tot und begeht daraufhin Selbstmord. Kurz darauf erwacht Julia aus ihrem künstlich herbeigeführten Schlaf, bemerkt ihren toten Liebhaber an ihrer Seite und bringt sich anschließend aus Verzweiflung ebenfalls um. In der Tat besteht die Brisanz der Sache darin, dass der Lügner im Gegensatz zu allen anderen Fällen des Lügens gewissermaßen keine Chance hat, sich selbst als Lügner wahrzunehmen und daher in vollster Überzeugung der Wahrheit handelt.

11. Scham

Ein japanisches Sprichwort sagt: „Je länger man lebt, desto mehr Gründe entstehen, sich zu schämen." Tatsächlich hat wohl beinahe jeder Mensch im Laufe seines Lebens die eine oder andere Leiche in seinem Keller versteckt. Die Scham unterscheidet sich deutlich von anderen Lügenmotivationen wie beispielsweise der Angst vor Gesichtsverlust. Bei der Scham geht es darum, dass man etwas getan hat, das man selbst für verwerflich hält.

So kann ein Mitarbeiter, der eine dolose Handlung begangen hat, sowohl davor Angst haben, seinen Status (sein Gesicht) vor den anderen zu verlieren, als auch vor der Situation, mit der Schande dieses Makels den anderen gegenüberzutreten, die ihm vertraut oder an ihn geglaubt haben. Der Lügengrund der Angst vor Gesichtsverlust ist daher von der Ursache her in erster Linie ein Egoproblem, während der Lügengrund der Scham innere Reue, Selbstverurteilung oder ein Unwohlsein zur Ursache hat. Gut erklären lässt sich diese Lügenmotivation am Beispiel des untreuen Ehemannes, der nach außen den treuen Familienvater spielt. Eine offizielle Aufdeckung würde je nach Charakter des Täters zu verschiedenen Angstszenarien führen:

Denkbar sind finanzielle Ängste durch drohende Scheidung, Angst davor, dass die Ehefrau als Betrogene öffentlich schlecht dasteht und dadurch zusätzlich zu leiden hat, Angst davor, dass der Ehemann im Freundes- und Bekanntenkreis sein Gesicht verliert, Angst davor der Ehefrau gegenübertreten und erklären zu müssen, dass dies sein Dank für ihr jahrelanges aufopferndes

Familienengagement ist oder auch die Wahrheitsflucht, dass sein selbst eingeredetes und nach außen dargestelltes heiles Familienleben nicht mehr heil ist und sich dieses Bild nun nicht mehr aufrecht erhalten lässt, weder vor sich noch vor anderen.

Deswegen betone ich immer wieder, wie wichtig es ist, durch Vorrecherchen und genaue Charaktereinschätzung zu versuchen, die Lügenmotivationen einzelfallbezogen möglichst genau zu eruieren. Denn nur so lassen sich passgenaue goldene Brücken bauen und wirkungsvoll einsetzen. Wenn wir von Emotionen sprechen, so denken wir meistens an Furcht, Wut, Trauer oder Freude. Oft vergessen wird dabei jedoch die Scham, welche ebenso wie die anderen Emotionen eine wichtige Aufgabe erfüllt. Beispielsweise kann Scham dazu beitragen, dass wir uns vor körperlich oder emotional unangenehmen Situationen schützen.

Da der Mensch ein Herdentier ist, möchte er es vermeiden, von anderen Menschen als komisch oder andersartig wahrgenommen zu werden. Deshalb unterwerfen sich viele in ihrem Verhalten gesellschaftlichen Zwängen, selbst wenn sie von diesen nicht überzeugt sind. Sie würden sich aber schämen, diese gesellschaftlichen Zwänge und Tabus aus Angst vor Ausgrenzung bewusst zu brechen. Den Mut, dies bewusst in Kauf zu nehmen, besitzen die wenigsten. Der Klassiker der Scham ist natürlich der sprichwörtliche Blick in den Spiegel. Das Handeln eines jeden Menschen wird von dem Bild beeinflusst, welches er von sich selbst hat. Wir sind deshalb stets bemüht, diesem Bild von uns gerecht zu werden. Gelingt es uns nicht und verstoßen wir gegen unser inneres Bild, schämen wir uns ob dieser Verfehlung.

12. Eitelkeit/Geltungssucht

Eitelkeit ist der klassische Lügengrund der Machtmenschen und kommt gleich nach dem kompromisslosen Vorteilsstreben. „Große Menschen sind stolz, kleine eitel.", lautet ein bekanntes Zitat des britischen Dichters George Gordon Noel Byron. Oscar Wilde sagte zum Thema Eitelkeit: „Sich selbst zu lieben, ist der Beginn einer lebenslangen Romanze." Marie von Ebner Eschenbach meinte: „Wir sind so eitel, dass uns sogar an der Meinung der Leute, an denen uns nichts gelegen ist, etwas liegt."

Ein klassisches Verhaltensmuster eitler Menschen ist, andere Menschen abzuwerten, um sich selbst dadurch aufzuwerten. Für Unternehmen, die eitle Führungskräfte beschäftigen, besteht die Gefahr, dass diese sich zur Befriedigung ihrer eigenen Eitelkeit auf Unwesentliches fokussieren und nicht auf die primären Maßnahmen zum Wohl des Unternehmens. Auffällig bei eitlen Menschen ist auch ein Hang zur Titelsucht. Dies spielt im Zusammenhang mit Bewerbungsbetrug eine Rolle. Ich erinnere mich an einen Fall, bei dem sich der Betrüger mit falschen Titeln auf eine Stelle beworben hatte, für deren Erhalt die vorgebrachten Titel irrelevant gewesen wären. Die Erfüllung der übrigen Voraussetzungen hätte genügt. Der Bewerbungsbetrüger ging somit ein nach objektiven Maßstäben völlig unnötiges Risiko ein, nur um sich in seiner Eitelkeit zu sonnen.

Manche Menschen sind sogar so eitel, dass sie tatsächlich an einer Wahrnehmungsverzerrung leiden, aufgrund dessen sie Sachverhalte falsch darstellen. Narzissmus ist die extremste Form eitler Charaktermerkmalen. Narzissten handeln stets nur zu ihrem eigenen Vorteil und gehen notfalls über Leichen, um ihre eigenen Eitelkeiten zu kultivieren.

Sollten sich also während der Befragung Verdachtsmomente ergeben, dass der Befragte ein hohes Maß an Eitelkeit aufweist, so können daraus interessante Schlussfolgerungen gezogen werden. Dies betrifft sowohl die möglichen Lügenmotivationen, den Bau goldener Brücken, als auch die Abstimmung der Befragungstaktik. Eine mögliche Taktik ist, dem Befragten genau das Gefühl zu geben, das er braucht, nämlich sich selbst aufzuwerten, indem er Sie abwertet. Bei dieser Taktik machen Sie es ihm leicht, sich Ihnen überlegen zu fühlen. Dadurch läuft der Befragte schnell in die Falle, Sie zu unterschätzen, was Sie wiederum vorteilhaft ausnutzen können.

LOB KITZELT DEN EITLEN UNAUSSPRECHLICH.

Adolph Freiherr Knigge

13. Widerstandsvermeidung

Diese Lügenmotivation tritt häufig bei Personen auf, die über einen ausgesprochen starken Fluchtinstinkt verfügen. Nicht selten sind solche Menschen zusätzlich unfähig, sich Konflikten und unangenehmen Situationen konstruktiv zu stellen. In vielen Fällen haben sie nie richtig gelernt, mit Konflikten und problematischen Situationen umzugehen, und haben vor solchen Situationen regelrecht Panik. Andererseits gibt es natürlich auch Menschen, deren Triebfeder zur Widerstandsvermeidung schlichtweg die Faulheit ist. Nicht umsonst gibt es die Redensart vom Weg des geringsten Widerstandes. Die Neigung zur Widerstandsvermeidung kann sich sogar soweit steigern, dass selbst dann darauf verzichtet wird, Dinge richtigzustellen, wenn dadurch andere Menschen ins offene Messer laufen. Ein typisches Beispiel dafür sind Zeugen, die wahrheitswidrig angeben, nichts gesehen zu haben, obwohl sie zur Sachverhaltsaufklärung wesentlich beitragen könnten.

Hier tritt oft eine Sonderform der Lüge auf, nämlich das Lügen durch Auslassung! Lügen durch Auslassung kann auf verschiedene Arten in der Praxis vorkommen. Angefangen vom Auslassen wichtiger Bausteine oder einzelner Wörter in einer Sachverhaltsschilderung über das Auslassen ganzer Ereignisketten bis hin zum kompletten Schweigen und der dadurch stattfindenden Duldung falscher Verhaltensweisen, Vorgehensweisen oder Annahmen anderer Menschen. Manche sehen im Weg des geringsten Widerstands schlicht die effizienteste Art, Ziele zu erreichen sowie Erfolg zu haben, und vernachlässigen dabei die charakterlichen und moralischen Aspekte. Menschen, die dazu neigen, Widerstände zu vermeiden, sind oftmals auch gefährliche Zeugen und zwar insbesondere dann, wenn sie eine vorgefasste Erwartungshaltung des Interviewers zu erkennen glauben.

Es ist wesentlich einfacher, dessen Meinungen und Vermutungen zu bestätigen, als ihm zu widersprechen oder gar grundsätzlich konträre Aussagen zu treffen. Wie wir aber bereits wissen, darf der Interviewer niemals dem Befragten gegenüber einschätzbar sein und erst recht nicht seine Vermutungen oder Erwartungshaltungen durch Unachtsamkeit preisgeben.

14. Höflichkeit

Lügen aus Höflichkeit ist eine oft unterschätzte Lügenmotivation, obwohl sie häufig im Alltag vorkommt. Dabei werden durch die Lüge Enttäuschungen oder Brüskierungen vermieden. Jeder kennt folgende Situation: Man wird etwa auf einem Kongress oder einer Geburtstagsfeier von anwesenden Gästen freudig begrüßt, obwohl diese normalerweise der eigenen Person ablehnend gegenüberstehen. Auch kann es sich um Aufmunterungen handeln, wie beispielsweise die Aussage, dass ein kranker Mensch schon viel besser aussieht, die ehemalige Schulkameradin, die man seit zwanzig Jahren nicht gesehen hat, blendend ausschaut oder man wahrheitswidrig vorgibt, fest an einen bestimmten Menschen zu glauben. Im Zusammenhang mit Befragungen im Berufsalltag spielt es eine Rolle, dass der Befragte Brüskierungen von anderen Personen, wie beispielsweise von Vorgesetzten oder Kollegen, vermeiden möchte und daher eher diplomatisch als wahrheitsgemäß antwortet. Obwohl es vielleicht gut gemeint ist, verhindert er so die tatsächliche Sachverhaltsaufklärung. Dies führt oft zu Konsequenzen, die der Befragte zum Zeitpunkt seiner Aussage noch gar nicht absehen kann.

DIE KUNST ZU GEFALLEN,
IST DIE KUNST ZU TÄUSCHEN.

Marquis de Vauvenargues

15. Hinterlist

Diese Lügenmotivation tritt oft im Zusammenhang mit Konkurrenzkampf auf, beispielsweise durch eine verbale Intrige im Rahmen eines Mobbing-Falls. Es gibt aber auch Personen, die nur auf die Gelegenheit warten, einen Konkurrenten durch eine Intrige in ein schlechtes Licht zu rücken. So werden Zeugeninterviews nicht selten vom Zeugen zu einer hinterlistigen Intrige genutzt, indem dieser Aussagen über eine Person trifft, die primär das Ziel verfolgen, diese Person in ein schlechtes Licht zu rücken. Nur sekundär verfolgt er damit die Zielrichtung, zur Sachverhaltsaufklärung beizutragen. Im Gegensatz zur Lügenmotivation der Rache hat der Lügner hier keinen Grund, sich zu rächen, sondern eine Gelegenheit, Abläufe und Situationen zu seinen Gunsten zu beeinflussen.

16. Faulheit

Auch bei dieser Lügenmotivation gibt es mehrere Varianten. Zwei davon sind die Lüge aus Faulheit und die Lüge, um Faulheit zu verdecken. Im ersten Fall würde eine wahrheitsgemäße Aussage für den Lügner zwar keine persönlich nachteiligen Konsequenzen nach sich ziehen, wohl aber einen höheren Arbeitsaufwand. Beispielsweise möchte der Lügner vermeiden, sich durch wahrheitsgemäße Aussagen in Widerspruch zu anderen Aussagen zu stellen und dadurch eine Nachbefragung seiner Person in Kauf zu nehmen. Oder aber er möchte sich Sachverhalte nicht mehrmals anhören oder sich nicht die Mühe aufbürden, für abweichende Aussagen Beweise erbringen zu müssen. Im zweiten Fall hat der Befragte aus Faulheit gehandelt oder gerade deshalb eben nicht gehandelt und infolgedessen eine Verfehlung begangen oder sich für das Unternehmen nachteilig verhalten. Er hat aber keine Lust dazu, an der Aufklärung des Falls mitzuwirken oder aber den Fall seinerseits bekannt zu machen. Der Aufwand für eine Aufarbeitung des Falles schreckt ihn ab. Oftmals gesellt sich zur Lügenmotivation der Faulheit auch die der Widerstandsvermeidung. Faulheit gehört zu den Charaktereigenschaften, die sich gut vorrecherchieren lassen, beispielsweise durch einen Blick in die Personalakte.

17. Vertrauensmangel

Vertrauensmangel ist ein Grund zu lügen, der aus der Überzeugung des Lügners resultiert, der Gesprächspartner sei nicht in der Lage, mit der ganzen Wahrheit umzugehen, oder aber er würde die Wahrheit nicht glauben. Häufig misstraut der Befragte dem Interviewer oder spricht diesem die notwendige Kompetenz zur Befragungsführung ab. Wie bereits im ersten Band besprochen, ist es wichtig, als Interviewer Verbalsprache und Körpersprache so zu präsentieren, dass man dadurch kompetent, sympathisch und authentisch erscheint. Sollte der Interviewer Anlass zur Vermutung haben, dass einer der oben genannten Punkte auf den Befragten zutreffen könnten, so ist er gut beraten, im Rahmen seiner Gesprächsvorbereitung Beispiele vorzubereiten, mit denen er dem Befragten anschaulich machen kann, wie er, der Interviewer, ähnliche Fälle in der Vergangenheit kompetent gelöst hat.

Volksweisheiten zum Thema Lügen und ihr Wahrheitsgehalt

In der gesellschaftlichen Meinung kursieren verschiedene vorgefasste Anschauungen, wie man Lügner angeblich erkennen kann. Es existieren aber keine allgemeingültigen Lügensignale, da die Glaubwürdigkeitsbeurteilung von Menschen ein komplexer Mechanismus ist. Die häufigsten gesellschaftlichen Vorurteile zum Thema der Glaubhaftigkeit von Aussagen und der Beurteilung von Glaubwürdigkeit von Personen möchte ich nachfolgend mit Ihnen besprechen:

Theorie 1:

Die Blickrichtungstheorie des NLP erlaubt eine fundierte Einschätzung.

Nein, jeder Mensch lügt anders. Viele Lügner halten sogar einen starren Blick aufrecht.

Die Psychologen Aldert Vrij und Shara Lochun widerlegten die Blickrichtungstheorie des Neurolinguistischen Programmierens (NLP) in einer wissenschaftlichen Untersuchung (vgl. Band I).

Theorie 2:

Lügner erkennt man durch bestimmte einzelne Körpersprachsignale.

Nein, es kommt auf die Kontextwahrnehmung an. Ein bestimmtes Körpersprachsignal kann in unterschiedlichen Situationen auch eine unterschiedliche Bedeutung haben. Für die richtige Deutung muss man Körpersprachsignale im Kontext der Gesprächssituation betrachten. Zudem ist die Abweichung vom körpersprachlichen Normalverhalten der wichtigste Indikator.

Theorie 3:

Lügner können einem nicht in die Augen schauen bzw. wenden den Blick ab.

Jein, es gibt tatsächlich Menschen, bei denen das so ist; insbesondere dann, wenn sie sich für etwas schämen. Es gibt aber Menschen, bei denen das nicht so ist und die sogar einen starren Blick beim Lügen aufsetzen. Berühmtestes Beispiel: Das bekannte Video zur Befragung von Bill Clinton zu einer möglichen Affäre mit dessen Mitarbeiterin Monika Lewinsky. Daher ist diese These für eine fundierte Glaubwürdigkeitsbeurteilung nicht hinreichend brauchbar.

Theorie 4:

Stress deutet immer auf eine Lüge hin.

Nein, Stress deutet auf Stress hin. Auch ein Unschuldiger kann Angst haben, zu Unrecht beschuldigt zu werden und dadurch in Stress geraten oder von Haus aus ein nervöser Typ sein. Entscheidend ist, ob der Stress eine Abweichung zum Normalverhalten des vorangegangenen Gespräches darstellt.

Theorie 5:

Schnelles Sprechen deutet auf eine Lüge hin.

Nein, ganz im Gegenteil. Das ist ein weitverbreiteter Irrtum. Lügner sprechen zumeist langsamer, weil konstruierte Gedanken längerer Überlegungszeit bedürfen als solche, die aus dem Gedächtnis abgerufen werden. Auch hier ist die Abweichung vom Normalverhalten der relevante Indikator.

Theorie 6:

Beruhigungsgesten sind ein sicheres Zeichen für die Lügenerkennung.

Das kommt auf den Kontext der Gesamtgesprächssituation an. Am Anfang des Gespräches sind Nervosität und somit auch Beruhigungsgesten völlig normal. Treten aber Beruhigungsgesten auf, nachdem der Befragte bereits entspannt war, ist dies ein Warnsignal.

Theorie 7:

Mit der Zeit bekommt man automatisch ein gutes Gespür für Menschen.

Das mag zwar sein, ist aber deswegen noch lange nicht hilfreich für eine sichere Lügenerkennung. Menschen lügen auf zu unterschiedliche Weisen, haben zu unterschiedliche Lebenserfahrungen und die Erscheinungsformen von Lügen sind zu vielfältig, als dass man dies durch herkömmliche Lebenserfahrung ausgleichen könnte.

Theorie 8:

Frauen lügen besser als Männer und sind deshalb schwieriger zu überführen.

Jein. Die Durchschnittsfrau ist dem Durchschnittsmann oft kommunikativ überlegen, da sie meist häufiger kommuniziert und daher kommunikativ erfahrener ist.

Dies kann sie sich auch beim Lügen zunutze machen. Trotzdem kann eine weibliche Lügnerin mit der richtigen Befragungstechnik genauso leicht der Lüge überführt werden wie ein Mann. Die Warnindikatoren sind bei beiden Geschlechtern absolut identisch.

Theorie 9:

Lügen geschehen immer vorsätzlich.

Nein. Auch Zeugen mit den besten Absichten lügen manchmal unbewusst aus Unwissenheit, weil sie bestehende Wissenslücken mit Logik zu schließen versuchen oder einem Irrtum anhängen.

Theorie 10:

Wenn man jemanden gut kennt, merkt man sofort, ob er lügt.

Das ist situationsabhängig. Wenn ein Lügner seine Ausrede bzw. Lüge gut vorbereitet hat, dann braucht er diese nur herunterzubeten und klingt für die meisten Menschen dabei absolut glaubwürdig. Dagegen macht er sich bei kleineren Alltagslügen nicht die Mühe der Vorbereitung und wird ertappt. So ist zu erklären, warum es Ehemänner gibt, die bei kleinen alltäglichen Familiendelikten von der Ehefrau sofort überführt werden und trotzdem bestehende außereheliche Affären verheimlichen können. Die Ehefrau wiederum wiegt sich durch vermeintliche Menschenkenntnis in falscher Sicherheit.

DURCH SEINE FEHLER VERRÄT SICH
DER MENSCH.
BEOBACHTE SEINE FEHLER, DANN LERNST
DU IHN KENNEN.

Konfuzius

Krankhaftes Lügen / Pseudologie

Als Pseudologen werden Menschen bezeichnet, die ein krankhaftes Verlangen zur Lüge verspüren. Hierbei ist eine narzisstische Persönlichkeitsstörung ursächlich. Man bezeichnet den Drang zum krankhaften Lügen und Übertreiben in der Psychologie als Pseudologia Fantastica oder auch als pathologisches Lügen. Ursächlich für die Pseudologia Fantastica sind frühkindliche Entbehrungen im Zusammenhang mit den Eltern des Lügners. Pseudologen lügen, weil sie durch die Lüge Anerkennung und Zuwendung ihres Umfeldes erfahren. Die Lüge stellt für den Pseudologen eine seelische Entlastung für Lebenssituationen dar, die er nicht anders bewältigen kann und verschafft ihm in gewisser Weise seelische Genugtuung. Scham und Schuldgefühle in Bezug auf die Lügen sind dem Pseudologen fremd.

Die Pseudologia Fantastica ist aber nur eine von mehreren Persönlichkeitsstörungen im Zusammenhang mit Lügen. Bekannt ist auch das sogenannte Münchhausen-Syndrom, bei dem Menschen Krankheiten erfinden, um (unnötige) ärztliche Behandlung zu erreichen. Hierbei können sie sich sogar so hineinsteigern, dass sie die zunächst vorgetäuschten Krankheiten letztlich tatsächlich herbeirufen bzw. auslösen. Um Pseudologen zu entlarven, ist eine professionelle Wahrnehmung in Kombination mit gekonnter Gesprächstaktik ein zielführender Weg. Durch Vorfeldrecherchen können oftmals bereits Verdachtsmomente ermittelt werden. Dass Pseudologen dauerhaft in einem Unternehmen unerkannt bleiben, ist im Regelfall ziemlich unwahrscheinlich.

Einige abschließende Bemerkungen zum Thema Lügen:

Erfolgreich platzierte Lügen haben oftmals einen hohen Preis. Der Belogene trifft daraufhin oft Entscheidungen mit manchmal weitreichenden Konsequenzen, die ihn oder andere ins Unglück stürzen können. Diese Entscheidungen hätte er in Kenntnis der Wahrheit ganz anders getroffen.

Der Lügner hingegen verliert beim Aufdecken der Lüge in vielen Fällen sein Gesicht. Hier greift die alte Volksweisheit: „Wer einmal lügt, dem glaubt man nicht, auch wenn er fortan die Wahrheit spricht." Der Belogene und der Lügner verlieren ihre Unbefangenheit im gegenseitigen Umgang. Daran sind schon so manche langjährige Partnerschaften zu Bruch gegangen. Beim Aufdecken von Lügen sollten Sie daher immer die Konsequenzen für sich und für ihren Gesprächspartner bedenken. In manchen Fällen ist es vielleicht sogar besser, die herausgefundene Wahrheit für sich zu behalten und den anderen oder weitere Personen nicht damit zu konfrontieren. Die Tatsache, dass Sie die Wahrheit herausgefunden und die Lüge aufgedeckt haben, kann Sie selbst vor großen Fehlentscheidungen bewahren und gibt Ihnen Handlungssicherheit. Die Entscheidung, ob Sie ihre Feststellungen ihrem Gesprächspartner oder anderen Personen offenbaren, treffen Sie bitte immer nach rationaltaktischen Gesichtspunkten und nicht nach emotionalen.

AM SICHERSTEN WIRD MAN GETÄUSCHT, WENN MAN SICH FÜR SCHLAUER HÄLT ALS DIE ANDEREN.

François de la Rochefoucauld

Die 17 Misserfolgsfaktoren bei Befragungen

1. Ungünstige Wahl von Zeitpunkt und Örtlichkeit
2. Mangelhafte Befragungsvorbereitung
3. Interviewer steht unter Zeitdruck
4. Vorgespräch schlecht/nicht geführt
5. Fehlende Befragungsroutine/Erfahrung des Interviewers
6. Vorgefasste Meinungen/Vorurteile
7. Befrager lässt sich von Emotionen leiten
8. Empathiefehler des Befragers
9. Der Befrager lässt sich die Gesprächsführung aus der Hand nehmen
10. Der Interviewer beachtet nicht die rechtlichen Rahmenbedingungen
11. Befragungsstil kommt nicht authentisch bzw. glaubwürdig rüber
12. Interviewer hat sich kein konkretes Gesprächsziel gesetzt
13. Wahrnehmungsschatten durch Wahrnehmungsmängel
14. Verbale und nonverbale Interpretationsfehler

15. Ungünstige Körpersprache des Interviewers
16. Unprofessionelle Gesprächstaktik
17. Gesprächsergebnisse werden nicht gegen Widerruf abgesichert

DIE ABSICHT, NIEMALS ZU TÄUSCHEN, BRINGT UNS IN GEFAHR, OFT GETÄUSCHT ZU WERDEN.

François de la Rochefoucauld

Die 17 goldenen Befragungsregeln

1. Stellen Sie keine Doppelfragen!
2. Stellen Sie Ihre Fragen immer eindeutig!
3. 80 bis 90 Prozent der Redezeit spricht der Befragte!
4. Vermeiden Sie Schweigephasen!
5. Verwenden Sie prinzipiell einen Interviewleitfaden!
6. Geben Sie niemals die Gesprächsführung ab!
7. Fragen Sie immer vom Allgemeinen zum Besonderen!
8. Sind die Antworten unklar, nicht konkret oder plausibel, sofort nachsetzen!
9. Stellen Sie Nachsetzfragen so lange, bis der Sachverhalt absolut klar ist!
10. Offene Fragen kommen im Regelfall vor geschlossenen Fragen!
11. Fordern Sie gerade bei kritischen Fragethemen einen ausführlichen freien Bericht ein!
12. Passen Sie Ihre Fragetaktik den Glaubwürdigkeits- und Warnindikatoren an!
13. Verwenden Sie situativ passende taktische Fragearten!

14. Sobald Sie Warnsignale feststellen, sofort nachbohren!
15. Sprechen Sie stets mit ruhiger und deutlicher Stimme!
16. Lassen Sie sich nicht unterbrechen!
17. Ihre Gesprächstaktik muss stringent Ihrem Gesprächsziel folgen!

**ES IST SCHWERER, GEFÜHLE,
DIE MAN HAT, ZU VERBERGEN, ALS
SOLCHE, DIE MAN NICHT HAT, ZU HEUCHELN.**

François de la Rochefoucauld

So bleiben Sie als Interviewführer souverän

Das Fundament jeder guten Befragung besteht aus einer optimalen Vorbereitung, der Wahl günstiger Gesprächsumstände (Ort, Zeit, Störungsquellenvermeidung etc.) und dem Aufbau einer (positiven) Beziehungsebene zum Befragten bei Gesprächsbeginn respektive der Vermeidung einer negativen Gesprächsatmosphäre. Ohne dieses Fundament steht die Befragung auf wackeligen Beinen und das ist sicherlich das Letzte, was Sie in Ihrer Befragung gebrauchen können. Geben Sie sich daher bitte viel Mühe damit, das oben genannte Fundament bestmöglich zu legen.

Ein solides Befragungsfundament gibt Ihnen als Befrager Selbstvertrauen, Selbstsicherheit und Souveränität gegenüber dem Befragten. Fundierte Kenntnisse in der forensischen Befragungstechnik tragen außerdem ganz wesentlich zu einem professionellen Auftreten bei der Befragung bei. Bei jeder Befragung haben wir es mit unterschiedlichen Menschen und Charakteren zu tun und daher ist jede Befragung individuell zu gestalten. Es gelten immer die gleichen Grundsätze, aber es kommt darauf an, diese dem jeweiligen Einzelfall entsprechend anzupassen.

Damit Ihnen das besser gelingt, habe ich Ihnen zu den sechs häufigsten Menschentypen, denen ich bei Befragungen von Verdächtigen begegnet bin, einen kleinen Leitfaden erstellt. Er beschreibt diese sechs Charaktere und zeigt mögliche Umgangsweisen mit diesen auf. Sicherlich gibt es auch Misch- und Sonderformen, aber aus den nachfolgend dargestellten Verhaltensweisen lassen sich auch in diesen Fällen problemlos Ableitungen herstellen. Bevor Sie mit einer wichtigen Befragung beginnen, sollten Sie dafür gesorgt haben, dass Sie den theoretischen Stoff dieser Buchreihe beherrschen, praktisches Training absolviert und geübt haben, Ihre eigene Körpersprache zu beherrschen. Im Idealfall sind Sie sogar bereits in der Lage, diese zielgerichtet täuschend einzusetzen. Geben Sie dem Gesprächspartner stets das Gefühl, dass Sie die Gesprächsführung souverän dominieren, seine Antworten vorausgesehen haben und viel mehr über ihn und seine Rolle im gegenständlichen Sachverhalt zu wissen scheinen, als Sie zuzugeben bereit sind.

Durch ein professionell gestaltetes Vorgespräch sorgen Sie für Empathie und eine gegenseitige Entspannung. Dadurch wirken Sie bereits im Vorfeld der eigentlichen Befragung als souveräner Gesprächsführer. Sollten Sie trotzdem nervös sein, so arbeiten Sie von Anfang an mit einer täuschenden Körpersprache. Auf nonverbaler

Ebene vermitteln Sie dem Unterbewusstsein Ihres Gegenübers so von Anfang an Selbstsicherheit und Souveränität. Sprechen Sie langsam, damit Ihre Stimme ruhig wirkt. Erklären Sie Ihrem Gegenüber die langsame Sprechweise gegebenenfalls mit der Intention, dass dieser alles gut versteht und nichts überhört. Seien Sie von sich überzeugt, dann ist es auch Ihr Gesprächspartner!

Die sechs Verhaltenstypen bei Gesprächen mit Problemcharakter nach Marco Löw:

→ Der Dominator
→ Der Devote
→ Der Herausforderer
→ Der Kritiker
→ Der Introvertierte/Kühle
→ Der Kumpeltyp

<u>Der Dominator</u>

Der Dominator versucht immer wieder, die Gesprächsführung an sich zu reißen. Oftmals erklärt er geschilderte Sachverhalte für unwahr und gestellte Fragen für irrelevant. Er nimmt während des Gespräches meist eine sehr selbstbewusste Körperhaltung ein, z.B. eine gespreizte Beinstellung. Er versucht immer wieder, den Interviewer zu unterbrechen und seine eigene Redezeit auszudehnen. Wenn er merkt, dass er damit Erfolg hat, fängt er seinerseits an, Gegenfragen zu stellen. Er möchte den Interviewer überzeugen, dass dessen Vorgehensweise falsch ist und ihm die die richtige Vorgehensweise erklären.

Der Devote

Dieser Typ ist das genaue Gegenteil des Dominators. Er hat ein geringes Selbstbewusstsein und/oder Angst vor der Gesprächssituation als solcher. Der Devote hat eine verkrampfte Grundhaltung. Er ist sehr wortkarg, antwortet aber stets auf die Fragen des Interviewers und nimmt dessen geschilderte Sachverhalte hin. Oftmals wagt er nicht, zu widersprechen, selbst wenn er anderer Meinung ist oder einen Sachverhalt anders beurteilt. Er hat großen Respekt vor Autoritäten.

Der Herausforderer

Der Herausforderer ist bei einem Gespräch mit Vernehmungscharakter der mit Abstand schwierigste Menschentyp. Er greift den Interviewer auf sachlicher und emotionaler Ebene an. Durch aggressive Gesprächstaktik versucht er, den Interviewer in die Defensive zu drängen. Typischerweise zweifelt er an der fachlichen Qualifikation, an der Kompetenz, an den empathischen Fähigkeiten oder der Legitimation des Interviewers hinsichtlich des durchzuführenden Interviews. Letztlich versucht er, den Interviewer in eine Rechtfertigungshaltung zu bringen. Wenn ihm das gelingt, greift er die Rechtfertigungen an und übernimmt somit die Gesprächsführung.

Der Kritiker

Hierbei handelt es sich ebenfalls um einen schwierigen Charakter. Der Kritiker bemängelt die Tatsache, dass ausgerechnet er zu dem Thema befragt wird, und stellt den gegenständlichen Sachverhalt als fragwürdig oder nicht korrekt dar. Ebenso wie der Herausforderer zweifelt er gegebenenfalls die Legitimation und die Qualifikationen des Interviewers an. Der wesentliche Unterschied zwischen dem Kritiker und dem Herausforderer liegt darin, dass der Kritiker im Gegensatz zum Herausforderer defensiv argumentiert.

Der Introvertierte/Kühle

Er ist im Gespräch zurückhaltend und spricht nur, wenn er gefragt wird. Manchmal nimmt er sogar eine gleichgültige Haltung ein. Bei seinen Äußerungen ist er relativ emotionsarm. Oftmals neigt er dazu, Fragen knapp zu beantworten. Der Introvertierte ist entweder von Haus

aus ein in sich gekehrter Mensch oder aber er hat etwas zu verbergen und gibt daher nur sehr spärliche und gründlich überlegte Antworten, um sich nicht zu verraten. Im Gegensatz zum devoten Charaktertyp hat er jedoch keine unterwürfige Grundhaltung.

Der Kumpeltyp

Dieser Typ stellt sich als der (vermeintliche) Freund des Interviewers dar. Er gibt diesem vor, ihm nach besten Kräften bei der Aufklärung des Sachverhalts behilflich sein zu wollen. Meist legt er sogar ein erhebliches Engagement an den Tag. Er zeichnet sich durch auffällige Freundlichkeit aus. Der Kumpeltyp kann sowohl Täter als auch (tatverdächtiger) Zeuge sein. Im ersteren Fall versucht er, den Interviewer auf seine Seite zu ziehen, um den Verdacht von sich selbst abzulenken. Im zweiten Fall hat er aus irgendwelchen Gründen ein gesteigertes Interesse an der Aufklärung der Tat. Diesen Gründen gilt es ebenfalls nachzugehen.

DIE LISTIGEN WERDEN DURCH LIST ENTTARNT.

Aurelius Augustinus

Individuelle Analyse und Gesprächsabstimmung auf die sechs Verhaltenstypen

Der Dominator

Typische Sätze:

> „Ich habe früher auch so gedacht wie Sie."
> „Wenn Sie über meine Erfahrung verfügten, dann wüssten Sie…"
> „Diese Frage stellt sich so nicht. Vielmehr ist wichtig…"
> „Ich werde versuchen, Ihnen es so zu erklären, dass Sie es verstehen…"
> „Sie müssen in der Sache ganz anders vorgehen. Erstens…"

Vorgehensweise beim Dominator als Gesprächspartner:

Der Dominator ist der einzige Charaktertyp, bei dem ich rate, verstärkt mit geschlossenen Fragen zu arbeiten. Die Gefahr bei offenen Fragearten gegenüber dem Dominator ist die, dass diese dem Dominator erst die Plattform für ausschweifende und monologartige Antworten schaffen. Der Interviewer sollte sich daher gut überlegen, bei welchen Themen er dem Dominator mit offenen Fragen gegenübertritt. Geschickt eingesetzte geschlossene Fragen zwingen den Dominator, zu konkreten Fragepunkten konkret Stellung zu beziehen. Ausschweifende oder ablenkende Antworten sind ihm durch geschlossene Fragearten kaum möglich. Sollte er es trotzdem versuchen, so wiederholen Sie die Frage. Gegebenenfalls bietet sich eine Gesprächsführung mit Ja-/Nein-Fragen an. Wichtig ist vor allem, als Interviewer nicht die Gesprächsführung aus der Hand zu geben und sich nicht auf die Einwände des Dominators einzulassen, sondern geradlinig mit der Befragung fortzufahren. Außerdem sollte man unauffällige Möglichkeiten nutzen, den Dominator zu verunsichern, beispielsweise indem man für eine niedrigere Sitzposition des Dominators sorgt. Die Gesprächsatmosphäre sollte nicht zu entspannt sein, denn das würde die Selbstsicherheit des Dominators noch zusätzlich steigern. Führen Sie daher die Befragung möglichst nicht in einer dem Dominator vertrauten Umgebung durch.

Der Devote

Typische Sätze:

„Ja, da haben Sie recht."
„Ja, ich weiß."
„Was soll ich da schon sagen?"

Vorgehensweise beim Devoten als Gesprächspartner:

Bei diesem Typen ist es von größter Wichtigkeit, eine gute und entspannte Gesprächsatmosphäre herzustellen. Es ist wichtig, ihn zu entspannen, um seinen Normalzustand herzustellen. Bei diesem Typ eignen sich verhaltensprovozierende Fragen sehr gut. Dadurch kann unauffällig und ohne direkten Druck ermittelt werden, ob die devote Grundhaltung im Charakter oder im schlechten Gewissen begründet ist.

<u>Der Herausforderer</u>

Typische Sätze:

> „Sind Sie überhaupt dazu befugt, mich so etwas zu fragen?“
> „Glauben Sie im Ernst, dass Sie mit dieser Vorgehensweise Erfolg haben?“
> „Warum hat man eigentlich ausgerechnet Sie auf die Klärung dieses Falles angesetzt?“

Vorgehensweise beim Herausforderer als Gesprächspartner:

Dem Herausforderer muss man von Anfang an höflich, aber deutlich klare Grenzen setzen und ihn in die

Schranken weisen. Dies kann beispielsweise durch folgenden Satz gelingen: „Lieber Herr Meier, ich bin nicht hier, um Ihre Fragen zu beantworten, sondern Sie sind hier, um meine Fragen zu beantworten. Das möchte ich gleich von Anfang an betonen.“

Wichtig ist, dass man dem Herausforderer keine Rechtfertigungsargumente entgegenbringt, denn darauf wartet er nur, um besser angreifen zu können. Beim Herausforderer sollte man mit Lenkungsfragen und offenen Fragen in Kombination arbeiten. Durch die offenen Fragen ist der Herausforderer gezwungen, viel zu sprechen, und hat kaum Zeit, sich Gegenangriffe zu überlegen. Lenkungsfragen sorgen dafür, dass der Herausforderer beim Thema bleibt.

Beispiele:

> „Das habe ich Sie nicht gefragt!“
> „Bleiben Sie bitte beim Thema!“
> „Beantworten Sie bitte ausführlich die Frage!“
> „Sie haben jetzt bereits zum wiederholten Male die Frage nicht konkret beantwortet. Was haben Sie an der Frage denn nicht verstanden?“
> „Soll ich die Frage für Sie einfacher formulieren?“

Der Kritiker

Typische Sätze:

> „Ist der Sachverhalt denn wirklich so?"
> „Könnte es vielleicht auch sein, dass…?"
> „Warum sollte ausgerechnet ich Ihnen bei dieser Sache helfen können?"
> „Für diese Art von Befragung braucht man eine sehr gute Menschenkenntnis und ich weiß nicht, ob Sie die bei Ihrer bisherigen Berufserfahrung im erforderlichen Maße haben können."

Vorgehensweise beim Kritiker als Gesprächspartner:

Überlegen Sie sich im Vorfeld ein paar stichhaltige Fakten, mit denen Sie solch vorhersehbaren Fragen begegnen und entsprechende Mutmaßungen widerlegen können. Schlagen Sie dann den Kritiker mit seinen eigenen Waffen und geben ihm zu verstehen, dass Sie ihn aufgrund seiner analytischen und kognitiven Fähigkeiten sehr schätzen und Sie ihn deshalb als idealen Zeugen betrachten. Es ist sehr schwer, sich rigoros von Schmeicheleien zu distanzieren. So haben Sie eine ideale Grundlage, um den Kritiker ausführlich zu befragen.

Der Introvertierte/Kühle

Typische Sätze:

Kurze Sätze, Antworten nur auf Nachfrage.

Vorgehensweise beim Introvertierten/Kühlen:

Bei diesem Typ ist es besonders wichtig, das Gespräch am Laufen zu halten. Hier sollte viel mit Nachsetzfragen und offenen Fragen gearbeitet werden. Die offenen Fragen sollten so gestellt werden, dass der Befragte zu ausführlichen Antworten gezwungen wird. Auch beim Introvertierten ist ein ausführliches Vorgespräch von großer Wichtigkeit. Da der Introvertierte eine relativ emotionslose Grundhaltung einnimmt, sind bei ihm körpersprachliche Warnsignale besonders gut erkennbar.

Der Kumpeltyp

Typische Sätze:

Sämtliche Art von Sätzen, die eine vorgegebene Hilfsbereitschaft überbetonen.

Vorgehensweise beim Kumpeltyp:

Nutzen Sie die (vermeintliche) Hilfsbereitschaft aus und bitten den Kumpeltyp, mit Ihnen den Sachverhalt ganz genau durchzugehen, um diesen aufklären zu können. Aufgrund seines vorgeblichen hilfsbereiten Verhaltens kann der Kumpeltyp Ihnen diesen Wunsch kaum abschlagen. Dann arbeiten Sie mit Nachsetzfragen und Nebensächlichkeitsfragen in Kombination.

**DAS GESICHT VERRÄT
DIE STIMMUNG DES HERZENS.**

Dante Alighieri

Alibiermittlung

Der Begriff Alibi stammt aus dem Lateinischen und bedeutet „anderswo". Mit einem Alibi kann jemand folglich beweisen, dass er zu einer bestimmten Zeit nicht an einem bestimmten Ort gewesen sein kann, weil er sich anderswo aufhielt. Da es naturgemäß unmöglich ist, sich gleichzeitig an zwei oder mehr Orten zu befinden, besitzt der Alibinachweis einen extrem hohen Beweischarakter. Selbst wenn noch so viele Indizien für eine Täterschaft sprechen, mit einem wasserdichten Alibi wird ein Tatverdächtiger niemals verurteilt werden.

Unter einem Indiz versteht man im Strafprozess einen Hinweis, der mit einer gewissen Wahrscheinlichkeit für eine Täterschaft spricht. Einer Verurteilung in einem sogenannten Indizienprozess gehen so viele einzelne Indizien voran, die gegen den Verdächtigen sprechen, dass das Gericht zu dem Schluss kommt, ein Zufall sei dem gesunden Menschenverstand und der mathematischen Wahrscheinlichkeit nach auszuschließen. Anders ausgedrückt: Ab einer gewissen Anzahl an qualitativ hochwertigen Indizien ist der Verdächtige mit an Sicherheit grenzender Wahrscheinlichkeit auch der Täter. Indizien sind dementsprechend deutlich stärker als eine bloße Behauptung, aber auch erheblich schwächer als ein Beweis.

Es wäre allerdings ein Fehler, den Umkehrschluss anzuwenden: Ein nicht erbringbares Alibi lässt nicht zwingend einen Rückschluss auf die Täterschaft zu. Es gibt viele Gründe dafür, trotz Unschuld kein Alibi vorweisen zu können.

Zwei Fragen stehen für den Ermittler im Vordergrund:

1. Kann die unter Tatverdacht stehende Person ein Alibi erbringen?
2. Falls ja, ist dieses wirklich hieb- und stichfest?

Dabei ist zu bedenken, dass ein kluger Täter sein vermeintliches Alibi bereits vor der Tat konstruiert. Dieser Umstand kommt nicht nur bei Straftaten zum Tragen, sondern ist im Berufs- und Privatalltag gang und gäbe. Ein kluger untreuer Ehepartner tarnt seine außereheliche Affäre mittels eines Alibis, beispielsweise indem er vorgibt, Verpflichtungen im Rahmen seiner Vereinsarbeit oder seines Freundeskreises nachkommen zu müssen. In diesem Zusammenhang ist es im Übrigen auffällig, wenn ein Verdächtiger auf sein Alibi hinweist, obwohl ihm gegenüber noch kein konkreter Tatverdacht geäußert wurde.

Für Mitglieder der Strafverfolgungsbehörden ist zu beachten, dass die Alibiüberprüfung in der Strafprozessordnung nicht eigenständig geregelt ist, sondern eine Maßnahme darstellt, die im Rahmen der freien Gestaltung des Ermittlungsverfahrens durchgeführt werden kann. Die Alibiüberprüfung ist somit als eine Unterform der Vernehmung anzusehen. Denn während die Vernehmung in der Strafprozessordnung klar geregelt ist, unterliegen die durch die Alibiüberprüfung gewonnenen Erkenntnisse der freien richterlichen Beweiswürdigung nach § 261 StPO. In der Praxis hat sich gezeigt, dass Ermittler mit weitaus mehr vermeintlichen Alibis als echten zu tun haben, weshalb es von großer Bedeutung ist, Alibis auf Herz und Nieren zu überprüfen. Nachfolgend möchte ich deshalb mit Ihnen die Möglichkeiten besprechen, wie man ein Alibi professionell überprüft.

Im Vorfeld ist es wichtig, die infrage kommende Tatzeit bestmöglich einzugrenzen. Alles steht und fällt mit der Stimmigkeit der Eingrenzung. Die Annahmen, die zur Eingrenzung des Tatzeitraumes führen, müssen unbedingt auf soliden, bereits überprüften Grundlagen fußen. Andernfalls besteht die Gefahr, dass Tatverdächtige aufgrund des vermeintlich korrekten Alibis zu Unrecht als Täter ausgeschlossen werden. Schon mancher Ermittler ist in die Falle getappt, den Tatzeitraum trotz ungenügender Beweislage nur anhand logischer Wahrscheinlichkeitsannahmen zu stark einzugrenzen. In der Folge wurden Verdächtige aus dem Täterkreis ausgeschlossen, die lediglich für diesen komprimierten Zeitraum ein Alibi vorweisen konnten.

Zwei Hindernisse können bei der Ermittlungsarbeit in diesem Zusammenhang auftreten: So können erstens mögliche Zeugen Wahrnehmungstäuschungen unterliegen, was den Wert ihrer Zeitangaben verringert. Zweitens planen, wie bereits erwähnt, viele Täter bereits vor der Tat vermeintliche Alibis.

Um Zeugenaussagen hinsichtlich des Tatzeitraumes verifizieren zu können, sind einige taktische Besonderheiten in der Gesprächsführung notwendig. Es genügt nicht, den Zeugen lediglich nach Datum und Uhrzeit zu fragen. Vielmehr muss mit der sogenannten Ankertaktik gearbeitet werden: Man befragt den Zeugen zu markanten Ereignissen und Abläufen innerhalb des fraglichen Zeitraums, um ihm damit einerseits eine bestmögliche Erinnerungsmöglichkeit zu gewährleisten und andererseits Ankerpunkte zu finden, die weitere Ermittlungs- und Überprüfungsmaßnahmen ermöglichen. Die Suche nach möglichen Ankerpunkten muss dabei unter nachvollziehbaren Aspekten erfolgen. Nehmen wir zur Verdeutlichung an, der Zeuge sei in einem bestimmten Zeitraum seinen Angaben zufolge in einem Pub gewesen, wo gerade eine Musikband spielte. In dieser Umgebung könnten sich hinter dem Zeitpunkt der Essens oder Getränkebestellung, dem Beginn oder Ende der Banddarbietung oder aber dem Rufen und der Ankunft eines Taxis usw. Ankerpunkte verstecken.

Oftmals liegen Alibis im zeitlichen Verlauf betrachtet nahe an der Tatzeit. In diesen Fällen ist eine besonders akribische Ermittlungsarbeit vonnöten. Beispielsweise betrifft dies die Wegstreckenproblematik: Auto, Bus, U-Bahn, Bahn und Flugzeug eröffnen völlig unterschiedliche Möglichkeiten, Strecken zu überbrücken. Mit der U-Bahn ist es in Großstädten möglich, in wenigen Minuten große Distanzen zurückzulegen, die mit dem Pkw niemals zu schaffen wären. Ob ein Alibi glaubhaft ist oder nicht, kann also von wenigen Minuten Abweichung abhängen.

Im Straftatenbereich ist bei Spontantaten immer wieder zu beobachten, dass der Täter unmittelbar nach der Tat eine Behörde oder seine Arbeitsstätte aufsucht, um sich über seinen Behördengang oder das Zeiterfassungssystem seiner Arbeitsstätte ein Alibi zu verschaffen. Ich kenne einen Fall, in dem ein Mann wegen eines kleineren Diebstahldelikts bei einer Polizeibehörde zur Beschuldigtenvernehmung vorgeladen war. Die Polizeidienststelle befand sich in unmittelbarer Nähe eines Juweliergeschäfts. Kurz vor seiner Vernehmung, überfiel dieser Mann maskiert den Juwelier. Kaum hatte er sich vom Tatort entfernt, marschierte er schnurstracks zur Polizei und sprach wegen seiner Vernehmung vor. Während draußen die Sirenen heulten und uniformierte, sowie zivile Polizeifahrzeuge die Gegend um den Tatort absuchten, saß der Täter in aller Ruhe bei seiner Vernehmung und verschaffte sich so ein (fast) perfektes Alibi.

Ob und wie er geschnappt wurde, möchten Sie wissen? Nun, der Täter hatte zur Tatzeit einen sehr auffälligen Pullover getragen, um zu bezwecken, dass nach einem Mann mit diesem Pullover gefahndet werden würde. Kurz nach der Tat hatte er sich in einer dunklen Ecke nahe des Tatortes einen unauffälligeren Pullover angezogen und den auffälligen in seiner Tasche verschwinden lassen. Beinahe wäre sein Täuschungsversuch aufgegangen, hätte er nicht seine Tasche nach dem Vernehmungstermin liegen gelassen. Eine Polizistin fand die Tasche einige Zeit später und öffnete sie, um den Besitzer zu ermitteln. Dabei entdeckte sie den Pullover…

In der heutigen Zeit dürfen diesbezüglich auch die Möglichkeiten, die eine immer schneller fortschreitende Technik schafft, nicht außer Acht gelassen werden. Man muss sich dessen bewusst sein, dass es möglich ist, mithilfe technischer Geräte die eigene Anwesenheit zu einer bestimmten Zeit an einem bestimmten Ort vor-zutäuschen: Angefangen von simplen Maßnahmen wie Anrufweiterschaltungen vom Büro auf das Handy bis hin zu der

Möglichkeit, technische Überwachungsmaßnahmen auszunutzen. Heutzutage ist es beispielsweise sogar für Privatpersonen möglich, jemand anderen, dessen Erlaubnis vorausgesetzt, über dessen Mobilfunknummer zu orten. Darüber hinaus besteht die Möglichkeit, mehrere SIM-Karten mit der gleichen Telefonnummer beim Telefondienstleister zu beantragen, Anrufweiterschaltungen zu verwenden oder das Handy mit Bleifolie zu manipulieren, um eine Örtlichkeit vorzutäuschen, wo schlechter Empfang herrscht.

Aber selbst wenn das Alibi allen Überprüfungen tapfer standhält, so besteht trotzdem noch die Möglichkeit, dass die überprüfte Person als Anstifter oder Mittäter einer Tat in Frage kommt.

Eine sinnvolle Möglichkeit, ein Alibi zu überprüfen, besteht darin, Sachbeweise, wie beispielsweise Tankquittungen, Stempelkarten oder Einkaufsbelege zu ermitteln und zu bewerten. Aber auch hier gilt die Maxime des kritischen Hinterfragens. In großen Supermärkten oder Tankstellen liegen oftmals im Kassenbereich, in den Einkaufswägen oder bei den Kartonagen Kassenzettel in großer Anzahl herum. Nicht zuletzt ist es denkbar, einen Dritten zum passenden Zeitpunkt einen Einkauf oder eine Betankung tätigen und sich den Beleg aushändigen zu lassen. Ferner besteht beim heutigen Stand der Technik die Möglichkeit,

Belege in hoher Qualität zu fälschen. Besonders bei geplanten Taten ist von einer erhöhten Wahrscheinlichkeit eines vorbereiteten Alibis auszugehen.

Hierzu gibt es einen passenden Witz: Ein Ehemann kommt von seiner Geliebten spätabends nach Hause, wo ihn seine Ehefrau schon gleichermaßen sehnsüchtig wie misstrauisch erwartet. Kurz bevor er die gemeinsame Wohnung betritt, steckt er sich ein Stück Kreide hinter sein Ohr. Der Ehefrau berichtet er stolz und wahrheitsgemäß, dass er in einer Kneipe gewesen sei, dort eine anziehende junge Frau kennengelernt habe, anschließend zu dieser nach Hause gefahren sei, um sich dort mit ihr sexuell zu vergnügen. „Unsinn!“, entgegnet ihm seine Ehefrau mit einem Lachen. „Du warst mal wieder mit Deinen Kumpels beim Kegeln und hast noch ein Stück Kreide hinter dem Ohr!“

Bei der Überprüfung eines Alibis gibt es neben der Suche nach Sachbeweisen noch einen weiteren starken Ermittlungsansatz. Dieser bezieht sich auf die Personenbeweise, also die Aussagen von Zeugen, die das Alibi durch ihre Aussage stützen. Man spricht hier in der Kriminalistik von sogenannten Alibizeugen. Bei diesen ist neben deren allgemeiner Glaubwürdigkeit auch unbedingt zu ermitteln, in welcher Beziehung sie zu dem Tatverdächtigen stehen und welches Interesse sie generell an einer Stützung oder Widerlegung eines Alibis haben könnten. Gerader letzterer Aspekt wird meiner Erfahrung nach oft übersehen. Echte Zeugen können manchmal auch ihre Zeugenschaft bestreiten, entweder weil sie sich dadurch selbst in eine ungünstige Lage bringen würden oder weil sie ein persönliches Interesse daran haben, dem Tatverdächtigen zu schaden und den Tatverdacht auf ihn zu lenken. Last but not least gibt es sogar Fälle, in denen es sich bei einem echten Alibizeugen, also jemandem, der wahrheitsgemäß bezeugen kann, dass das Alibi des Tatverdächtigen korrekt und dieser somit unschuldig ist, selbst um den Täter handelt.

Ähnlich wie ein Schachbuch nicht alle Taktiken und Züge lehren kann, ist es diesem Buch bzw. dieser Buchreihe nicht möglich, alle Aspekte der kriminalistischen Wahrnehmung und Gesprächstaktik zu behandeln, sondern einen möglichst guten Überblick über wichtige Muster und Varianten zu geben. Dies deshalb, lieber Leser, um Ihnen ein möglichst solides Grundgerüst an die Hand zu geben und Sie nachdrücklich für wichtige Situationen und häufig vorkommende Muster und Abläufe zu sensibilisieren. Ich könnte ein ganzes Buch nur über die Alibiüberprüfung schreiben, aber das gilt gleichermaßen für die meisten anderen Themen, die ich in meiner Buchreihe behandle. Durch das Aufzeigen verschiedener Varianten möchte ich Sie daher ermutigen und sensibilisieren, auch quer zu denken und alles kritisch zu hinterfragen und nicht nur nach irgendwelchen sturen Mustern vorzugehen. Solche Muster stellen allenfalls eine Art Mindestbasis dar, die vor allem für den Anfänger oder als grobe Gedächtnisstütze gedacht sein sollte. Jeder Einzelfall benötigt eine individuelle Betrachtungs- und Vorgehensweise. Mit einem Vorgehen nach Schema F ist man von vornherein zum Scheitern verurteilt.

Zurück zur Überprüfung des Alibizeugen. Zunächst einmal sollte man, wie besprochen, mögliche Motive einer Falschaussage in Betracht ziehen.

Diese könnten beispielsweise sein:

- Verwandtschaftsbeziehung,
- Freundschaft,
- Liebesverhältnis,
- Bestechung,
- Angst vor Bestrafung aufgrund eigenen Fehlverhaltens,
- Mittäterschaft,
- Angst vor Rachemotivationen,
- Angst vor den Konsequenzen als Belastungszeuge oder
- sonstige Befangenheitsgründe.

Die relevante Alibizeit sollte einem Alibizeugen erst in einem fortgeschrittenen Stadium der Befragung genannt werden. Überdies sollten bereits zuvor möglichst viele relevante Details zum Sachverhalt und zum Tagesablauf des Alibizeugen bekannt sein. Nur so kann dieser Schritt für Schritt in seinen Aussagen festgelegt und diese wiederum einer fundierten Überprüfung unterzogen werden. Diese Überprüfungen können beispielsweise auch mit der zielgerichteten Befragung weiterer Alibizeugen verfestigt werden.

Bei der Absprache von Alibis können Sie auf Ihr Wissen zurückgreifen, welches Sie zur aus dieser Buchreihe bekannten Thematik der verschiedenen kognitiven Probleme bei Lügnern nun besitzen. Nehmen wir beispielsweise die Problematik der begrenzten Merkfähigkeit: Ihr ist es geschuldet, dass falsche Alibis meistens nur in den wichtigsten Punkten, unmittelbare Tatzeit und Kernthematik des Sachverhalts, abgesprochen werden. Mit der Speed-Methode des Marco Löw Befragungssystems© (vgl. für eine ausführliche Behandlung Marco Löw: „Falle Bewerbungsbetrug“) ist es ein Leichtes, ein falsches Alibi regelrecht zu zerpflücken.

Im Kriminellenmilieu gehört es übrigens beinahe zum guten Ton, sich gegenseitig bei Bedarf ein Alibi zu verschaffen. Als auffällig erweist sich in solchen Fällen stets, dass alle

Zeugen sozusagen der Familie angehören. Aus diesem Grund geben die meisten als Alibi ein privates Treffen in der eigenen Wohnung oder eine Autofahrt an, wo selbstverständlich nur Personen aus dem eigenen Dunstkreis zugegen waren. Denn das Einbeziehen von Außenstehenden würde einen zusätzlichen Risikofaktor schaffen. Sollten aber tatsächlich scheinbar Außenstehende als Alibizeugen genannt werden, dann gilt es, diese intensiv hinsichtlich ihrer Objektivität und Unbefangenheit zu überprüfen.

Zu den Klassikern unter den Alibis zählen das Allein-Alibi, das Spontan-Alibi und das Nach-Alibi. Beim Allein-Alibi gibt es, der Name verrät es bereits, keine Zeugen. Der Verdächtige war alleine daheim und sah den gesamten Abend fern. Ein solches Alibi ist schwer zu widerlegen und der Verdächtige kann es mühelos aufrechterhalten. Er braucht lediglich anzugeben, seine Lieblings-DVD angesehen zu haben, deren Inhalt er auswendig kennt. Oder aber er schlief, dann wird es noch einfacher für ihn. Allerdings kann auch im Falle eines Allein-Alibis mit einer guten Befragungstaktik einiges ausgerichtet werden. Jemand, der beispielsweise bis in die Mittagsstunden schläft, muss für ein so großes Schlafbedürfnis einen konkreten Grund haben. Dieser kann hinterfragt werden. Dadurch wird der Befragte gezwungen, eine plausible Erklärung abzuliefern. Vermutlich wird er antworten, am Vorabend eine Kneipentour mit Freunden unternommen zu haben. Dies kann wiederum überprüft und somit sein falsches Alibi auf Glaubhaftigkeit abgeklopft werden.

Beim Spontan-Alibi sind die beteiligten Personen dazu gezwungen, sich hinsichtlich der Absprache ihrer Falschaussage auf das Allernötigste zu beschränken. Es dürfte keinem Leser meiner Buchreihe Schwierigkeiten bereiten, die Widerlegung eines solchen Alibis zu erbringen. Trotzdem gilt auch hier, wie grundsätzlich immer, die Maxime einer bestmöglichen Befragungsvorbereitung. Das Nach-Alibi wird direkt nach einer Tat benötigt, konnte jedoch nicht im Zuge der Tatplanung konstruiert werden. Das Spontan-Alibi stellt übrigens eine Unterform des Nach-Alibis dar. Der Unterschied liegt hierbei in der Vorbereitungszeit. Ein Nach-Alibi kann durchaus konkret besprochen und geplant werden, allerdings erst im Nachhinein. In meiner Zeit bei der Kriminalpolizei wurde ich immer wieder mit Fällen betraut, bei denen der Verdächtige einige Zeit nach seiner Vernehmung plötzlich einen Alibizeugen ins Spiel brachte, von dem bis dato nie die Rede war. Das Nach-Alibi stellt aber für den forensischen Befragungstaktiker kein sonderlich großes Problem dar. Der Täter schafft es im Nachhinein fast nie, alle denkbaren Details mit dem tatsächlichen Tagesablauf in Übereinstimmung zu bringen.

Allerdings möchte ich keinen Hehl daraus machen, dass

es bei der Alibiüberprüfung auch einen kleinen Pferdefuß gibt. Aus rein befragungstechnischer Perspektive ist ein falsches Alibi bei guter Vorbereitung und guter Befragungstaktik relativ einfach zu widerlegen, aber nur wenn der Befragte auskunftswillig ist. Wenn er das Alibi einfach in den Raum stellt und dann zu keiner weiteren Auskunft mehr bereit ist, dann ist dies als starker Warnindikator zu werten. Ein glaubwürdiger Mensch handelt naturgemäß anders. Daher liefert auch eine Aussageverweigerung wertvolle Anhaltspunkte für weitere Ermittlungen.

Bei einem größeren Verdächtigenkreis wird es oftmals unvermeidbar sein, Ermittlungsschwerpunkte zu setzen. Eine intensive Alibiüberprüfung von mehr als drei Personen sprengt die personellen und zeitlichen Möglichkeiten. Daher sollte man Verdächtige in Verdachtsstufen einteilen. Üblicherweise erfolgt eine Kategorisierung in drei Verdachtsstufen nach folgenden Kriterien: dem vagen Verdacht (Stufe 1), dem konkreten Verdacht (Stufe 2) und dem dringenden (Tat-)Verdacht (Stufe 3). Stufe 1 umfasst Personen, die zwar theoretisch als Täter infrage kommen, jedoch gibt es hierfür keine konkreteren Anhaltspunkte, zum Beispiel,weil sie neben vielen anderen Personen einen berechtigten Grund hatten, sich zur Tatzeit in der Nähe des Tatortes zu befinden. Dies wird regelmäßig dann der Fall sein, wenn es sich bei dem Tatort um den Arbeitsplatz von mehreren theoretisch als Täter infrage kommenden

Personen handelt. Da es sich bei einer Alibiüberprüfung um keinen Grundrechtseingriff handelt, kann diese übrigens von Angehörigen der Strafverfolgungsbehörden auch bei Personen mit Zeugenstatus durchgeführt werden. Diesen Ermittlern empfehle ich dringend, eine Belehrung gemäß § 55 StPO durchzuführen und die Durchführung zu dokumentieren. Nichtsdestotrotz ändert eine solche Befragung nichts am Zeugenstatus des Befragten, solange kein konkreterer Tatverdacht gegen den Befragten besteht. Bei Gesprächsführern mit Privatpersonenstatus, und das werden die meisten meiner Leser sein, stellt sich dieses Problem ohnehin nicht. Die zweite Stufe, der konkrete Verdacht, liegt vor, wenn Indizien auf eine Täterschaft schließen lassen. Das kann zum Beispiel dann der Fall sein, wenn ein Alibi widerlegt werden konnte oder ein Tatmotiv im Raum steht. In einem solchen Fall muss man davon ausgehen, dass man den Befragten nicht mehr als neutralen Zeugen sehen kann, sondern gegen ihn ermitteln muss. Mitglieder der Strafverfolgungsbehörden tun hier gut daran, den Zeugenstatus in den Beschuldigtenstatus zu ändern. Ein guter Konfliktverteidiger wird ansonsten den Angehörigen einer Strafverfolgungsbehörde vor Gericht nach allen Regeln der Kunst auseinandernehmen. Schließlich ist es kaum erklärbar, dem Befragten konkrete Vorwürfe zu machen oder ihn observieren zu lassen und ihn dabei nach wie vor als Zeugen zu betrachten. Hier kann der Ermittler leicht in die Unglaubwürdigkeit rutschen und es kann ihm unterstellt werden, die Beschuldigtenrechte vorsätzlich unterlaufen zu haben. Sie sehen also, Angehörige der Wirtschaft profitieren gegenüber Angehörigen der Strafverfolgungsbehörden von vielen Erleichterungen, weil sie bei Befragungen nicht an die Strafprozessordnung gebunden sind und Arbeitnehmer zudem eine Mitwirkungspflicht gegenüber dem Arbeitgeber gemäß § 241/II BGB haben (vgl. hierzu auch Band 1, Seite 26).

Stufe 3, der dringende Verdacht, ist bei starken Indizien oder beim Vorliegen belastbarer Beweise gegeben. Hier geht es dann aber nur noch darum, das Alibi aus Beweisgründen zu widerlegen, und nicht mehr um die Frage, ob das Alibi an sich als glaubhaft einzuschätzen ist.

Eine andere Form des Alibis ist das – wie ich es nenne – Verhaltens-Alibi. Es handelt sich hierbei nicht um ein Alibi im eigentlichen Sinne, sondern eher um eine Ahnung, die der Ermittler haben soll. Ein Klassiker, der aus zahlreichen Krimis bekannt ist, soll hier als Beispiel dienen: Ein Mörder beteiligt sich an der Suche nach einer vermissten Frau, die er aber in Wahrheit längst eigenhändig vergewaltigt und umgebracht hat. Er engagiert sich sogar besonders bei der Suche. Dieses Verhalten ist übrigens auch bei anonymen Stalkern zu beobachten, die sich im näheren Umfeld des Opfers befinden. Anhand ihrer seriösen Identität geben sie vor, dem Opfer zu helfen, und äußern sich verständnislos bis anklagend zum Verhalten des unbekannten Täters.

Durch derlei Maßnahmen tragen sie indirekt dazu bei, sich in den Augen von Ermittlern und Opfern als Tatverdächtige auszuschließen. In vielen Fällen wäre es sogar auffällig, wenn der Täter nicht so handeln würde, und daher möchte ich nochmals betonen, wie wichtig es ist, Beurteilungen aufgrund belastbarer Beweise und nicht aufgrund bloßer Mutmaßungen vorzunehmen. Besonders kritisch sollte man auch immer dann sein, wenn ein besonderer Belastungs- oder Entlastungseifer beim Zeugen erkennbar ist, wenn die Angaben des Alibizeugen durch weitere Zeugen nicht gestützt werden oder wenn die Angaben des Alibizeugen vorhandenen Beweisen entgegenstehen. Auch ein unaufgeforderter Tatverdacht, der durch den Befragten geäußert wird, kann einen Hinweis darauf geben, den Interviewer ablenken oder auf eine falsche Fährte führen zu wollen.

Zudem ist es empfehlenswert, vor der Alibiüberprüfung des Alibizeugen dessen Einstellung gegenüber dem Verdächtigen zu hinterfragen. Hierfür hat es sich bewährt, dem Zeugen beiläufig die Frage zu stellen, ob er dem Verdächtigen eine solche Tat zutraue. Die Antwort darauf erlaubt vorsichtige Schlussfolgerungen. Bei Zeugen mit besonderer Entlastungsmotivation (falsches Alibi) oder solchen mit einem besonderen Belastungseifer sind Überbetonungen häufige Antwortelemente. Formulierungen wie „Dem Verdächtigen traue ich alles zu!“ oder „Auf gar keinen Fall traue ich dem Verdächtigen so etwas zu!“ können wertvolle Aufschlüsse über das Verhältnis zum Verdächtigen geben und bieten hervorragende Möglichkeiten, unauffällig weiter nachzuhaken (z. B. „Was macht Sie da so sicher?“ oder „Was veranlasst Sie zu solch einer Denkweise?“).

Wenn es darum geht, Zeugen hinsichtlich eines zu überprüfenden Alibis zu befragen, dann sollte man niemals mit der Alibiüberprüfung beginnen. Dies würde ansonsten den Befragten schnell zu dem Eindruck verleiten, dass er als Verdächtiger und nicht als Zeuge betrachtet wird. Selbst wenn dies der Fall sein sollte, so gibt es keinen Grund zu riskieren, dass der Befragte in Befangenheit und Hemmung verfällt und ggf. sogar weitere Angaben verweigert. Daher ist zunächst vorrangig, ein Maximum an Informationen zu sammeln und erst zum Schluss die Alibibefragung durchzuführen. Dies birgt auch den Vorteil, bei geschickter Befragungsführung zu einem frühen Zeitpunkt bereits genügend Informationen zu sammeln, um falsche Angaben im Rahmen des Alibis schnell erkennen und widerlegen zu können. Folglich sollte man dem Zeugen vor diesem Zeitpunkt zu keiner Zeit den Eindruck vermitteln, am Wahrheitsgehalt seiner Aussagen zu zweifeln. Denn je mehr Lügen er produziert, desto mehr Ansatzpunkte für Widerlegungen und konfrontative Vorhaltungen besitzt der Interviewer.

Zum Abschluss dieses Kapitels möchte ich mit Ihnen noch besprechen, welche Warnsignale auf ein falsches Alibi hindeuten können. Da es auch hier eine große Bandbreite von Möglichkeiten gibt, möchte ich mich darauf beschränken, Ihnen die wichtigsten Anhaltspunkte zu vermitteln und Sie für verdächtige Verhaltensweisen zu sensibilisieren. Sehr auffällig ist es natürlich, wenn der Alibizeuge aus eigenem Antrieb auf die relevante Zeit eingeht, ohne hierzu bereits befragt worden zu sein. Ferner sollten Auffälligkeiten im Erinnerungsvermögen jeden Interviewer aufhorchen lassen. Verfügt der Befragte über ein ungewöhnlich gutes Gedächtnis und kann den gesamten Tagesablauf detailliert schildern, während er sich an den relevanten Zeitraum nur bruchstückhaft erinnern kann? Auch kann der gesamte Tagesablauf selbst markante Auffälligkeiten beinhalten. Verhält er sich konträr zu den üblichen Lebensgewohnheiten des Verdächtigen oder des Alibizeugen?

Neben diesen Auffälligkeiten in der Erinnerungsleistung und dem Tagesablauf kann bei falschen Alibis der Grad des Detailreichtums aufschlussreich sein. Entweder kann der Befragte unüblich viele Details nennen oder auffällig wenige – weder das eine noch das andere ist mit einer normalen Erinnerungsleistung in Einklang zu bringen. Im ersteren Falle wird die Auskunftsperson jedoch schnell an ihre kognitiven Grenzen gelangen. Es wird gleichzeitig zu einer auffälligen Detailarmut in allen anderen Bereichen kommen, die nicht das Kerngeschehen als solches betreffen. Somit ergibt sich auch hier wieder eine weitere Inkongruenz. Ich werde daher im Laufe dieser Buchreihe nicht müde zu betonen, wie wichtig es ist, auf Abweichungen vom Normalverhalten zu achten.

Wahrnehmungsprobleme bei Interviewern und Befragten

Falsche oder unvollständige Angaben eines Befragten müssen nicht zwangsläufig durch einen bösen Willen motiviert sein. Manchmal unterliegt der Befragte auch einfach nur einem Irrtum. Der Interviewer sollte daher neben einer überlegenen Gesprächskompetenz über ein hohes Maß an Wahrnehmungskompetenz verfügen. Im ersten Band haben wir hierzu viele wichtige Aspekte beleuchtet, beispielsweise die Warn- und Glaubwürdigkeitsindikatoren. In diesem Band erfolgt nun eine Vertiefung und Erweiterung Ihrer Wahrnehmungskompetenz. Sie haben sich bereits mit weiteren 34 Indikatoren vertraut gemacht. In diesem Kapitel wollen wir uns daher noch mit einigen typischen Wahrnehmungsproblemen beschäftigen, die die Gesamtthematik abrunden. Wir nehmen die Außenwelt zumeist durch ein Zusammenspiel unserer verschiedenen Sinne wahr. Wenn Sie beispielsweise jemanden begrüßen, so nehmen Sie diese Person taktil (Berührungsreiz beim Händeschütteln), visuell, auditiv und olfaktorisch (Parfüm, Körpergeruch) wahr. Anhand der Stärke des Händedrucks können Sie viele Rückschlüsse auf den Charakter und die aktuelle Verfassung Ihres Gesprächspartners ziehen. Schwitzende Hände können auf Nervosität oder ein gesundheitliches Problem hinweisen. Mit Ihren Augen erfassen Sie Kleidungsstil, Gangart, Körperhaltung und Pflegezustand Ihres Gesprächspartners. Mit Ihren Ohren hören Sie seine Stimme und können eine erste Einschätzung vornehmen, ob der Gesprächspartner dominant, devot oder nervös ist. Auch der Körpergeruch Ihres Gesprächspartners erlaubt interessante Schlussfolgerungen. Beispielsweise gibt es Vorgesetzte, die ihren Revieranspruch durch eine übertriebene Nutzung von Parfüm oder das Rauchen von Zigarren unter-streichen. Man kann den Chef förmlich schon riechen, bevor man sein Büro betritt. Anhand der olfaktorischen Sinneswahrnehmung kann man auch einen stark nervösen Gesprächspartner erkennen.

Bei Zeugenbefragungen ist aber zu berücksichtigen, dass nicht jede Situation eine so optimale Wahrnehmung erlaubt wie eine Begrüßung im Büro. Je mehr negative Einflussfaktoren auf die Wahrnehmung einwirken, desto ungenauer wird sie zwangsläufig. Hat ein Zeuge ein Ereignis beobachtet, so sind beispielsweise die zum Zeitpunkt der Wahrnehmung vorherrschenden Lichtverhältnisse von Belang. In der Dämmerung kann das menschliche Auge keine Farben mehr erkennen, sondern nur noch Grautöne unterscheiden. Beim Wechsel zwischen Räumlichkeiten in denen unterschiedliche Lichtverhältnisse herrschen, kommt es zu Informationsverlusten aufgrund der Hell-Dunkel-Anpassung des menschlichen Auges. Ferner spielen Entfernungen eine gewichtige Rolle bei der Genauigkeit der visuellen und auditiven Wahrnehmung. Die Informationsübertragung zwischen Auge und Gehirn unterliegt außerdem kognitiven Grenzen. Je schneller ein Ereignis abläuft, desto unzuverlässiger fällt die Wahrnehmung durch den Zeugen aus. Darüber hinaus spielen die Gesetze des Schalls für die auditive Wahrnehmung eine Rolle. Je lauter ein Geräusch ist, desto näher scheint sich die Geräuschquelle zu befinden. Je leiser es ist, desto weiter entfernt schätzen wir die Geräuschquelle ein. Allerdings spielen auch die Richtung, aus welcher das Geräusch kommt, und die Geschwindigkeit, mit welcher es sich ausbreitet (beispielsweise ein vorbeifahrendes Auto) für die Wahrnehmung eine Rolle. Hierzu bietet auch der sogenannte Dopplereffekt interessante Erklärungen und Erkenntnisse.

Wenn wir uns auf eine bestimmte Wahrnehmungsart fokussieren, nehmen wir gleichzeitig andere Eindrücke weniger stark wahr. So kann das intensive Beobachten einer Sache oder Person die auditive Wahrnehmung von Geräuschen aus anderen Quellen vermindern; Gleiches gilt umgekehrt. Vertrautes nehmen wir wesentlich schneller wahr als Neues und sind uns auch sicherer in der Wiedererkennung. Jeder kennt die Situation, aus einem Stimmengewirr plötzlich seinen Namen herauszuhören, obwohl gleichzeitig viele andere Namen und Worte fallen. Auch die körperliche und seelische Verfassung des Zeugen zum Ereigniszeitpunkt ist von entscheidender Bedeutung für die Wahrnehmung und sollte nie unterschätzt werden. Müdigkeit, Einschränkungen der Seh- oder Hörleistung, Alkohol- oder Drogenkonsum schwächen oder verfälschen die Wahrnehmung des Menschen. Gleiches gilt für unsere seelische Verfassung: Starke Ausprägungen von Stress, Depressionen oder Euphorie zum Ereigniszeitpunkt vermindern spürbar unsere Fähigkeiten der Wahrnehmung. Außerdem entscheidet das Interesse, welches wir einem bestimmten Ereignis schenken, darüber, wie wir es wahrnehmen. Je aufmerksamer wir ein Ereignis verfolgen, desto zuverlässiger und konkreter wird automatisch unsere Wahrnehmung.

Es besteht grundsätzlich die Gefahr, dass der Zeuge seine Wahrnehmungslücken durch logische Schlussfolgerungen zu schließen versucht, oft ist ihm dies nicht einmal bewusst. Deshalb ist auch die beste Wahrnehmungskompetenz des Interviewers nichts wert, wenn dieser nicht auch über eine ebenso hohe Gesprächskompetenz verfügt.

Die körperliche und seelische Verfassung ist nicht nur für die Wahrnehmung des Befragten relevant, sondern gleichermaßen für den Interviewer selbst. Die geistige Grundhaltung des Interviewers beeinflusst in nicht zu unterschätzender Weise die Wahrnehmung seines Gesprächspartners. Hegt der Interviewer Vorurteile gegen den Befragten selbst oder gegen eine Person, über die er den Interviewten befragt, so läuft er Gefahr, primär Angaben wahrzunehmen, welche seine Vorurteile bestätigen, und relativierenden Angaben in gleicher Sache nicht genügend Aufmerksamkeit zu schenken.

Hinzu kommt noch, dass je mehr wir etwas wahrnehmen wollen, desto mehr erfolgt eine Wahrnehmungsverzerrung zu Gunsten der erwünschten Wahrnehmung.

Dann gibt es natürlich auch noch das Sender-Empfänger-Problem. Der Interviewer sollte versuchen eine dem Befragten angemessene Sprache zu verwenden. Dialekte, Fachtermini, Fremdwörter und komplizierte Schachtelsätze oder Schlussfolgerungen können zu Verständnisproblemen auf beiden Seiten und somit zu Wahrnehmungsfehlern darüber führen, was tatsächlich gesagt bzw. gemeint war und was nicht. Der Befragte hat, wenn er sich tatsächlich wahrheitsgemäß erinnert, ein Bild des Ereignisses oder des Geschehensablaufes in seinem Kopf. Idealerweise könnte er das Bild auf den Interviewer übertragen, doch das ist nicht möglich. Im Normalfall muss man schon von Glück reden, wenn zwischen dem Erinnerungsbild des Befragten und dem Vorstellungsbild des Interviewers eine annähernde Ähnlichkeit besteht. Man baut jedoch auf Sand, wenn man sich auf das Glück als Grundlage einer erfolgreichen Befragung und zutreffenden Wahrnehmung verlässt. Besser machen Sie es, wenn Sie den Befragten das Bild in seiner Vorstellung möglichst genau beschreiben lassen und durch Nachfragen anhand eigener Vorstellungen die Passgenauigkeit ausloten. Wenn möglich, lassen Sie den Befragten Zeichnungen anfertigen.

Bei den geringsten Anzeichen eines Missverständnisses muss unbedingt ohne Umschweife mit Sondierungs- und Kontrollfragen nachgehakt werden (vgl. Band 1, Seite 100) Geben Sie dem Befragten jedoch nie zu erkennen, welche Antwort Sie selbst gerne erhalten möchten. Der Befragte wird sich sonst unter Umständen darauf einstellen und ggf. sogar, weil er ein besonders guter Zeuge sein möchte, seine Antworten im Sinne der Erwünschtheit ausrichten. Fatal kann es dann werden, wenn der Interviewer mit seiner Fallhypothese falsch liegt (was den besten Befragern passieren kann). Sind die Aussagen des Befragten hingegen wirklich stringent und überzeugend, dann muss man sich als Befrager auch dafür öffnen, selbst wenn das im Einzelfall bedeuten sollte, die Ermittlungen neu aufzurollen oder den Fall unter völlig neuen Gesichtspunkten zu betrachten. Schließlich sollte es uns nicht um das Steicheln des eigenen Egos gehen, sondern um die Wahrheitsermittlung. Geht dem Interviewer diese Flexibilität ab oder hat er die Glaubwürdigkeits- und Warnindikatoren nicht vollständig verinnerlicht, sind Wahrnehmungsfehler vorprogrammiert.

Wahrnehmungsfehler können auch andere Ursachen haben. So können Wahrnehmungsfusionen ein Problem bei der Erinnerungsleistung und somit bei der Wahrheitsfindung darstellen. Wahrnehmungsfusionen verschmelzen zwei Ereignisse zu einem oder sie bringen beide durcheinander. Dieses Problem besteht vor allem bei ähnlichen Ereignissen, die sich in kurzen aufeinanderfolgenden Zeitabständen ereignen. Erschwerend käme hinzu, wenn die Ereignisse eine längere Zeit zurückliegen. Bisweilen hat man mit Menschen zu tun, die die eigenen Handlungen im Nachhinein mit Überzeugung völlig anders darstellen, als es der Realität entspricht. Sie tun dies wohlgemerkt, obwohl weder ein Irrtum noch eine Verwechslung vorliegt. Warum handeln diese Menschen dann so, werden Sie vermutlich fragen. Die Gründe ihres Tuns liegen in den Rechtfertigungsdenkweisen (vgl. Band 1, Seite 124 ff.) der Betroffenen. Diese können ein solches Ausmaß annehmen, dass die Betroffenen sich selbst manipulieren. Schämen sie sich beispielsweise der wahren Motive ihrer Taten, so kann es vorkommen, dass sie rationale Beweggründe vorschieben. Bei besonders verwerflichen Handlungsweisen flüchten sich viele Täter schnell in eine der beiden anderen Rechtfertigungsdenkweisen und manchmal muss man ihnen ganz rational vor Augen führen, dass es aufgrund der Faktenlage anders gewesen sein muss, um sie zur Wahrheit zu motivieren.

Ein weiterer Wahrnehmungsfehler eines Zeugen kann darin liegen, dass er einen Sachverhalt teilweise oder in Gänze verdrängt. Frei nach dem Motto: Es kann nicht sein, was nicht sein darf. Auch sind Vermischungen zwischen einer Verdrängung und einer Wahrnehmungsfusion denkbar. Nehmen wir an, der Zeuge habe in geringem zeitlichem Abstand zum gegenständlichen Ereignis noch ein anderes Ereignis erlebt. War nun dieses andere Ereignis besonders dramatisch für den Befragten, so kann man annehmen, dass er an das schlimmere Ereignis präzisere Erinnerungen hat, als an das gegenständliche, und nicht mehr in der Lage ist, beide Ereignisse präzise voneinander zu trennen und zu beschreiben. Das schlimmere Ereignis kann das weniger schlimme im Langzeitgedächtnis verdrängen.

Zur Beurteilung einer Zeugenaussage ist für den Interviewer von Bedeutung, welche Details einem Zeugen in welcher Qualität in Erinnerung geblieben sind. Gut in Erinnerung bleiben im Allgemeinen die Protagonisten und ihre Handlungsweisen, sowie Gegenstände, die für das Ereignis eine große Rolle spielen. Die Zahl 7 stellt eine magische Zahl in der Wahrnehmungsgrenze des Menschen dar, wie zahlreiche Test und Studien ergeben haben. Nicht umsonst versuchen gute Webdesigner, die Anzahl der Untermenüs im Auswahlmenü der Startseite einer Homepage auf sieben zu beschränken. Folglich sind genaue Angaben zu anwesenden Personen nur bis zu einer Anzahl von sieben Personen zu erwarten. Schlecht in Erinnerung bleiben insbesondere Geräusche und die exakte zeitliche Dauer von Ereignissen. Etwas besser, aber auch nicht wirklich gut, verhält es sich mit Größen-, Mengen- und Farbangaben. Im Mittelfeld rangieren die räumlichen Eigenschaften am Tatort und die genaue Reihenfolge des Handlungsablaufes.

Aufgrund dieser Tatsache ist eine übergangslose Erzählart (vgl. Band 1, Seite 145) als Glaubwürdigkeitsindikator zu werten, weil beim wahrheitsgemäß berichtenden Zeugen oftmals erst während des Erzählens Erinnerungen decodiert werden (vgl. Band 1, Seite 113 ff.). Niemand verfügt über die Fähigkeit, zu jedem denkbaren Zeitpunkt alle im Gedächtnis gespeicherten Erinnerungen vollständig abzurufen. Deswegen ist es so bedeutend, mit Decodierungstechniken zu arbeiten, wenn Erinnerungen reaktiviert werden sollen. Daher spricht es auch nicht zwangsläufig gegen die Glaubwürdigkeit einer Person, wenn sie im Nachgang zur Befragung noch Erinnerungen ergänzt, die sie während der Befragung nicht geäußert hat. Sind diese Schilderungen glaubhaft und reihen sie sich stimmig ins Gesamtgefüge ein, so ist eine wahrheitsgemäße Aussage wahrscheinlich. Ein sehr aufschlussreicher und meiner Erfahrung nach oft übersehener Indikator für die Gesprächspartnereinschätzung ist ein falsches Lächeln. In Band 1 (vgl. die Seiten 56 ff.) habe ich die Kontrollverluste, die bei einer lügenden Person auftreten, thematisiert und möchte dazu noch einige Konkretisierungen ins Feld führen. Ein echtes Lächeln wird durch eine Reizstimulierung des Gehirns ausgelöst und erfolgt demgemäß unbewusst und automatisch. Bei einem echten Lächeln werden die Mundwinkel nach oben gezogen und beziehen dabei automatisch die Gesichtsmuskeln im Umfeld der Augen mit ein. Dadurch lächeln die Augen bei einem echten Lächeln mit. Insgesamt werden 17 Gesichtsmuskeln miteinbezogen. Ein künstliches Lächeln hingegen erzeugt der Lügner willentlich. Dadurch entstehen zwei mögliche Varianten: Entweder die Mundwinkel ziehen sich nach hinten oder sie verschieben sich asymmetrisch, indem sich nur ein Mundwinkel anhebt. Beiden Varianten des künstlichen Lächelns ist gemeinsam, dass im Gegensatz zum echten Lächeln das Gesicht und die Augen nicht mitlächeln. An dieser Stelle möchte ich eine Frage beantworten, die mir im Rahmen meiner Seminare schon des Öfteren gestellt wurde: Ist es möglich, ein echtes Lachen zu unterdrücken? Die Antwort lautet: Ja, aber es ist sehr schwierig und gelingt den meisten Menschen nicht. Denn ein echtes Lachen ist eine automatische Reaktion auf einen, an das Gehirn übermittelten Stimulus. Deshalb vergleiche ich den Versuch, ein echtes Lachen zu unterdrücken, mit dem Versuch, einen starken Niesreiz zu unterdrücken. Denn das Lachen ist eine von der Natur eingerichtete, sinnvolle Körperreaktion, die sowohl der Kommunikation als auch der Erhaltung der Gesundheit dient. Dem bekannten amerikanischen Journalisten Norman Cousins gelang es beispielsweise, sich selbst mit einer Lachtherapie von einer ernsthaften Krankheit zu heilen. Seine Erfahrungen, die er dabei gemacht hat, beschrieb er in seinem Buch „Der Arzt in uns selbst". Übrigens tritt ein echtes Lachen nicht nur in lustigen Situationen auf, sondern kann auch in traurigen Augenblicken oder in Momenten großer Anspannung auftreten. In diesen Fällen verwendet der Körper das Lachen als Ventil, um den vorhandenen innerlichen Druck zu entladen. Dadurch entsteht allerdings für Außenstehende oftmals der fälschliche Eindruck einer unangemessenen Verhaltensweise des Lachenden in Bezug auf die vorliegende Situation. Für die Befragungstaktik von Interesse sind überdies zwei Effekte, die ich kurz skizzieren möchte: Der Halo-Effekt und der Kontrast-Effekt. Beim Halo-Effekt handelt es sich um eine kognitive Verzerrung, die in der Personenwahrnehmung zu falschen Schlussfolgerungen führt. Dabei wird von bekannten Eigenschaften auf unbekannte Eigenschaften geschlossen: Schönen Menschen nimmt man Lügen leichter ab, man hält sie für intelligenter, auch werden sie in vielen Fällen weniger hart für eine begangene Tat bestraft, als ein unattraktiver Täter. Nicht zuletzt haben attraktive Menschen oftmals bessere Karrierechancen als unattraktive Zeitgenossen. Wenn beispielsweise jemand eine andere Person besonders sympathisch findet und grundsätzlich Menschen besonders schätzt, die sehr ehrlich und aufrichtig sind, so wird er diese Eigenschaft, also Ehrlichkeit und Aufrichtigkeit, unbewusst der anderen Person unterstellen, obwohl es hierfür keinen Beweis gibt. Das Wahrnehmungsproblem beim Halo-Effekt besteht für den Interviewer also darin, dass er von einzelnen Eindrücken des Interviewten auf einen Gesamteindruck schließt, der unangebracht ist, da er entweder nicht zutrifft oder zumindest unbewiesen bleibt.

Ein alter Trick, den fast jeder Schüler bereits angewendet hat, besteht darin, sich immer, wenn man etwas weiß, fleißig zu Wort zu melden. Weiß man einmal keine Antwort auf eine Frage und meldet sich ausnahmsweise nicht zu Wort, wird dies dem Lehrer vermutlich gar nicht auffallen, weil er insgeheim denkt, dass man sowieso alles weiß und er lieber die schwächeren Schüler überprüfen sollte. Der Halo-Effekt kann sogar dazu führen, dass es Lehrern schwerer fällt, einem guten Schüler eine schlechte Note zu geben als einem schwächeren Schüler, obwohl objektiv betrachtet nur die jeweilige Leistung als Kriterium zur Notenvergabe herangezogen werden sollte. Es soll sogar Lehrer geben, die über die Heftführung Ableitungen zu den intellektuellen Fähigkeiten der Schüler herstellen. Nach dem Motto, dass ein sehr ordentlicher Schüler auch intelligent sein muss und umgekehrt. Selbstverständlich möchte ich meine Beispiele nur als Verdeutlichungen und nicht als Angriffe auf den Berufsstand der Lehrer verstanden wissen.

Ein weiteres interessantes Beispiel für die Wirkungsweise des Halo-Effekts ist das Experiment, die Geschwindigkeit eines fahrenden Autos zu beurteilen. Hierbei fährt das Auto jedes Mal mit der gleichen Geschwindigkeit an den Probanden vorbei, aber jeweils in einem anderen Gang.

Der Halo-Effekt tritt auf, wenn die Probanden das Fahrzeug mit dem lauteren Motorgeräusch als das schnellere Fahrzeug wahrnehmen. Um den Halo-Effekt zu vermeiden und in seiner Wahrnehmung nicht getäuscht zu werden, ist es wichtig, den Gesprächspartner anhand der jeweils einzelnen Merkmale und nicht anhand eines Gesamteindrucks zu bewerten. Durch die Sensibilisierung für den

Halo-Effekt ist bereits ein erhöhter Schutz vor diesem Wahrnehmungsfehler gegeben. Mittels der Beurteilung einzelner Merkmale kann man sich wirkungsvoll vor dieser Wahrnehmungstäuschung schützen.

Beim Kontrast-Effekt geht es um einen Wahrnehmungsfehler, der im Rahmen von Vergleichen auftritt. Wenn ich einen 60-PS-Wagen gewohnt bin, wird mir ein 120-PS-Wagen wie eine Rakete vorkommen. Wenn ich hingegen gewohnt bin, einen Wagen mit 240 PS zu fahren, werde ich beim 120-PS-Wagen das Gefühl haben, kaum vom Fleck zu kommen. Auch hängt es von den Vergleichsmöglichkeiten ab, wie attraktiv wir Frauen und Männer finden. Es gibt nicht wenige Singles die am liebsten mit einem Freund/in weggehen, der/die selbst weniger attraktiv ist als sie selbst, da sie dann im Vergleich wesentlich attraktiver wirken.

Eine altbewährte Verkaufstaktik besteht darin, dem Kunden günstigere Zubehörangebote nach Nennung des Preises für den Hauptgegenstand zu unterbreiten. Denn jemand, der sich für 800 Euro einen Anzug leistet, legt leicht noch 80 Euro für einen tollen Gürtel drauf. Ob er denselben Betrag auch einzeln für den Gürtel gezahlt hätte, sei dahingestellt. Tatsache ist aber, und darum geht es hier, dass der 80-Euro-Gürtel im Vergleich zum Anzug günstig wirkt. Hätte sich der gleiche Käufer nun keinen Anzug, sondern nur eine Jeans im Wert von 80 Euro gekauft, wäre es deutlich schwieriger geworden, ihm einen Gürtel in der selben Preisstufe zu vermitteln.

In einer Gesprächssituation kann der Fall eintreten, dass Ihnen ein geschickter Gesprächspartner zunächst eine sehr schlechte Nachricht präsentiert, um unmittelbar danach eine weniger schlechte Nachricht folgen zu lassen, die dann im Vergleich positiv erscheint. Diese Taktik wird nicht selten auch von Vertretern der Politik und der Wirtschaft angewandt, um eine schlechte Nachricht für gut zu verkaufen.

Stellen wir uns folgende Situation vor: Der Leiter der Personalabteilung eines mittelständischen Unternehmens teilt der Belegschaft mit, dass im Zuge von Sparmaßnahmen das Weihnachtsgeld gestrichen wird, welches immerhin annähernd einem 13. Monatsgehalt entspricht. Gleichzeitig betont er, das Urlaubsgeld werde im Gegenzug nicht angetastet. Ein schwacher Trost für die Belegschaft, denn dieses beträgt nur wenige hundert Euro. Die Erleichterung ist dann groß, als Gewerkschaften und Betriebsräte den Mitarbeitern mitteilen, man habe erreichen können, dass das Weihnachtsgeld unangetastet bleibe und es lediglich Kürzungen beim Urlaubsgeld gebe. Hätte man von Anfang an das Urlaubsgeld gekürzt, wäre es wohl zu Protesten innerhalb der Belegschaft gekommen. So aber sind die meisten Mitarbeiter sichtlich erleichtert, dass die Sache noch einmal gut ausgegangen ist.

Nehmen Sie sich daher vor solchen Taktiken in Acht, sie sind sehr wirkungsvoll, oft nicht leicht zu durchschauen und alles andere als ungebräuchlich. Denken Sie bitte auch daran, dass die Wahrnehmung eines Menschen nicht nur während des gerade laufenden Wahrnehmungsprozesses beeinflussbar ist, sondern auch im Nachhinein. So kann eine suggestive Befragungsführung beim Zeugen zu völlig falschen Aussagen und Ergebnissen führen.

Die indirekte Reziprozität ist ein weiterer interessanter Effekt, der zu verfälschten Wahrnehmungen führen kann. Dieser Effekt spielt eine Rolle, wenn es um die Selbstdarstellung einer Person geht. Da wir des Öfteren durch die Selbstdarstellung einer Person beeinflusst und manipuliert werden, sollten wir auch diesen Effekt kennen. Hierzu ein nachvollziehbares Beispiel: Viele Prominente spenden große Summen für einen guten Zweck. Nicht immer ist hierbei aber die gute Tat als solche Vater des Gedankens. Für großzügige Spenden gibt es auch andere Beweggründe.

Denkbar ist, dass der Spender durch eine hohe Spendensumme demonstrieren, kann wie vermögend oder welch großzügiger und guter Mensch er ist. Darüber hinaus können sich auch noch subtilere Motivationen hinter einer solchen Wohltat verstecken. Obwohl also der Spender mit den Begünstigten nie in persönlichen Kontakt kommen wird, profitiert er trotzdem auf zahlreiche Weise davon.

Vorsicht ist auch immer dann geboten, wenn der Gesprächspartner mit Beweisführungsketten zu überzeugen versucht. Unser Gehirn ist lediglich in der Lage, 10 Prozent aller einwirkenden Informationen zu verarbeiten. Die restlichen 90 Prozent fallen in den Wahrnehmungsschatten. Wenn Sie vor einem Laubbaumwald stehen, dann werden sämtliche Bäume auf die Netzhaut Ihres Auges projiziert, trotzdem nehmen Sie den Wald nur als Ganzes wahr. Wenn Sie dann in den Wald hineingehen und vor einem Baum stehen, nehmen Sie den Baum als solchen wahr, nicht jedoch seine einzelnen Blätter und Zweige, es sei denn, Sie richten ihren Wahrnehmungsfokus speziell darauf aus. Bei Beweisführungsketten liegt der Teufel im Detail. Oftmals gehen mit Beweisführungsketten intensive Recherchearbeiten mit einer Vielzahl von Quellen einher, die zu einer größeren Zahl an Schlussfolgerungen führen. Wenn auch nur eine einzige dieser Quellen falsch ist, dann kann sich dies auf die gesamte Beweisführung niederschlagen. Einfach ausgedrückt: Die Argumentationsweise Ihres Gesprächspartners ist nicht wahrheitsgemäß und führt zu falschen Schlussfolgerungen.

Besonders leicht lässt sich mit Beweisführungsketten anhand von Zahlenbeispielen, Folien, Fernsehberichterstattungen, Testergebnissen und Zitaten täuschen. In meiner Jugendzeit war es weit verbreitet, dass Zahncremehersteller mit dem Aufdruck „klinisch getestet“ warben. Auch heute noch findet man diesen Slogan immer wieder auf Produkten, doch was beweist er konkret?

Gar nichts! Er sagt nichts darüber aus, ob das Produkt bei dem Test auch gut abgeschnitten hat. Der Werbespruch soll aber genau diese Assoziation in unserem Gehirn auslösen und in nicht wenigen Fällen geht diese Rechnung auch auf.

Ein anderes Beispiel: Ein Flirtportal im Internet hat 10.000 Mitglieder, es herrscht jedoch ein sehr unausgewogenes Verhältnis zwischen weiblichen und männlichen Usern, so dass die Frauen nicht mehr mit dem Beantworten der vielen Nachrichten nachkommen, während viele Männer trotz vieler Anfragen überhaupt keine Antworten bekommen. Von den 10.000 Usern sind lediglich rund 500 weibliche Mitglieder angemeldet und davon haben 30 Userinnen als Grund für ihre Mitgliedschaft einen Heiratswunsch angegeben. Bei der großen Auswahl gelingt es 15 der 30 Frauen über das Portal sehr zeitnah nach der Registrierung einen heiratstauglichen Partner zu finden. Es kommt zur Heirat und die Frauen bedanken sich bei dem Portalbetreiber mit einer kurzen E-Mail. Der Portalbetreiber wirbt kurz darauf mit folgendem Spruch: „Wir haben bereits über 10.000 registrierte Mitglieder. 50 Prozent unserer heiratswilligen weiblichen Mitglieder haben bereits in den ersten vier Wochen nach der Registration auf unserem Portal ihren künftigen Traummann gefunden. Finden auch Sie Ihren Traummann!" Nach außen hört sich das sehr überzeugend an, und es ist ja auch nicht gelogen. Trotzdem liegt eine Täuschung und damit eine Manipulation vor, weil sich der reale Zahlenwert von 1,5 Promille Vermittlungsquote mit dem suggerierten Eindruck in keiner Weise deckt.

Solche Manipulationen durch Zahlenbeispiele findet man sehr häufig in mannigfaltigen Ausprägungen vor. Ein anderes Beispiel: Ein Unternehmen hat sich auf den Versand hochwertiger Newsletter spezialisiert, in denen andere Unternehmen ihre Produkte bewerben können. Die Registrierungsgebühren sind in der oberen Preisklasse angesiedelt und das Unternehmen relativiert diesen Preis kommunikativ, durch die vermeintlich hohe Effektivität der Werbemaßnahme. Das Unternehmen verschickt den Newsletter an 100.000 Empfänger und wirbt mit folgendem Satz: „Wenn nur ein Prozent der Empfänger nur eines Ihrer Produkte kauft, dann haben Sie bereits 1.000 neue Kunden und 1.000 verkaufte Produkte." In dieser Relation scheint das Investment gering. Die meisten Firmen, die etwas in dieser Art ausprobiert haben, mussten feststellen, dass trotz scheinbar logischer Beweisführung das Ergebnis bei Weitem ernüchternder ausfiel. Mit gleichen Beweisführungsketten kann man auch eine hohe Ladenmiete in einer Großstadt rechtfertigen, indem man die Einwohnerzahl zu einer potenziellen Kundenzahl in Relation setzt.

Ich könnte ein ganzes Buch füllen allein mit alltäglichen Manipulationen, die auf dieser einen Beweisführungsmanipulation basieren. Wenn Sie überlegen, dann fallen Ihnen sicherlich auch eine ganze Reihe von Beispielen aus der eigenen Lebenserfahrung dazu ein.

„Gefahr erkannt, Gefahr gebannt", heißt es so schön. Wer für Gefahren sensibilisiert ist, wird nicht so schnell zum Opfer einer Manipulation werden. Gestatten Sie mir noch eine Warnung zur Beweisführungsmanipulation. Hüten Sie sich davor, stimmige Aussagen per se für glaubhaft zu erachten. Nur weil einzelne Aussagen realistisch klingen, sofort überprüft werden können oder der Aussagende sich in der Vergangenheit als zuverlässig erwies, ist dies kein Grund zu mangelnder Wachsamkeit. Vor allem deshalb nicht, weil die Schlussfolgerung, die sich aus der Gesamtaussage ergibt, nicht zwangsläufig diese auch als richtig beweist. Es ist mir wichtig, Sie für mögliche Wahrnehmungsbesonderheiten in Gesprächssituationen nachhaltig zu sensibilisieren. Denn Gesprächskompetenz heißt auch, dass man die Besonderheiten, die in Gesprächssituationen auftreten können, berücksichtigt, wahrnimmt und richtig interpretiert. Andernfalls begibt man sich sehr schnell auf den Holzweg und findet oft nicht mehr auf den richtigen Pfad zurück. Mit der Vorgehensweise, Ihnen in den bisherigen beiden Buchbänden und auch im Fachbuch „Falle Bewerbungsbetrug“ zahlreiche Beispiele für auftretende Besonderheiten bei Gesprächssituationen zu vermitteln, verfolge ich nicht nur die Intention, Ihnen maximal hochwertiges Wissen für Ihre Gesprächsführung zu vermitteln. Hinzu kommt die Zielsetzung, Sie vor vorschnellen Lagebeurteilungen, Sachverhaltseinschätzungen und Fehlinterpretationen zu bewahren. Das Richtige zu tun, ist nämlich genauso wichtig, wie das Falsche zu unterlassen.

Verhaltensweisen des Interviewers bei konfrontativen Befragungen

Besonders für Führungskräfte aus dem Compliance-Sektor stellt sich immer wieder die Frage, wie sie sich am besten bei Audits verhalten sollen, bei denen es zu Befragungen mit konfrontativem Charakter kommen kann, beispielsweise beim Interview eines Mitarbeiters, der einer dolosen Handlung bezichtigt wird.

Von grundlegender Bedeutung ist zunächst eine innere Ruhe, die man dem Befragten gegenüber ausstrahlt. Andernfalls würde man schnell die Souveränität verlieren und damit konsequenterweise die Gesprächsführung. Ist man nervös, so kann dies der Gesprächspartner wahrnehmen. Zur Verhinderung dessen empfehle ich, die Atmung umzustellen, und zwar von Brustatmung auf Bauchatmung. Da Ihr Gesprächspartner im Gegensatz zu Ihnen nicht in der forensischen Wahrnehmung geschult ist, wird er wie fast alle Menschen primär auf Ihren Gesichts- und Brustbereich achten, da alle anderen Körperstellen außerhalb seines gewöhnlichen Gesichtsfeldes liegen. Sie sollten unabhängig vom Gesprächsgegenstand immer bemüht sein, eine freundliche Gesprächsatmosphäre zu schaffen, und sich dementsprechend Ihrem Gesprächspartner gegenüber freundlich und bestimmt verhalten. Das bestimmte Auftreten muss mit einem sachlichen Auftreten einhergehen. Das heißt natürlich nicht, dass Sie sich völlig gefühlskalt geben sollen, aber Sie sollten sich bewusst sein, dass eine zu emotionale Verhaltens- und Argumentationsweise Sie schnell angreifbar macht. Emotionale Argumente und Verhaltensweisen sind einfacher angreifbarer als Sachargumente und können daher besser kritisiert und widerlegt werden. Sollte es Ihr Gesprächspartner allerdings schaffen, Sie zu widerlegen, vielleicht sogar mehrmals, dann verlieren Sie innerhalb kürzester Zeit Ihre Glaubwürdigkeit, Ihre Souveränität und Ihre Gesprächsführung. Lassen Sie sich nicht provozieren oder gar zum Schreien oder Drohen verleiten. Ebenso wenig können Sie sich eine arrogante oder herablassende Gesprächsführung erlauben, wenn Sie beabsichtigen, ein für Sie brauchbares Gesprächsergebnis zu erzielen. Ironische, zynische oder hämische Bemerkungen sind eines professionellen Interviewers unwürdig und gefährden in unnötiger Weise den Befragungserfolg. In Einzelfällen kann es gelingen, den Gesprächspartner durch eine solch übertriebene Verhaltensweise dazu zu verleiten, sich zu verplappern, jedoch setzt dies ein sehr hohes Maß an forensischer Gesprächskompetenz voraus und ist dann auch nur für absolute Einzelfälle geeignet.

Oberlehrer, Moralprediger und Generalsnaturen mögen vieles sein, aber ganz sicher keine professionellen Interviewer. Da Sie in der bisherigen Buchreihe gelernt haben, dem Gegenüber keine unnötigen Signale zu geben, die er interpretieren kann, sollte es selbstverständlich sein, weder Vorurteile noch übermäßigen Ehrgeiz, Belastungseifer oder erwünschte Antworten erkennen zu lassen. Auf all dies kann sich ein intelligenter Gesprächspartner ohne weiteres einstellen und den Interviewer manipulieren. Sollte der Interviewer unter Zeitdruck stehen, was dringend vermieden werden sollte, wie wir aus Band 1 wissen, darf er dies auf keinen Fall dem Gesprächspartner zu erkennen geben. Für einen unter Umständen bestehenden Erfolgs-druck gilt selbstverständlich das Gleiche. Wenn es aber etwas gibt, das Sie neben ständiger Souveränität, Freundlichkeit und

Sachlichkeit unbedingt Ihrem Gesprächspartner vermitteln sollten, dann lassen Sie ihn spüren, dass es zu keinem Zeitpunkt auch nur den geringsten Zweifel an Ihrer Entschlossenheit gibt, den Sachverhalt lückenlos aufzuklären. Viele Täter lassen sich alleine durch diesen einen Aspekt stark beeindrucken, da sie schnell zu dem Schluss kommen, dass es nur eine Frage der Zeit ist, bis die Wahrheit ans Licht kommt. Unter diesem positiven Druck machen viele Täter reinen Tisch, weil sie auf Dauer die Anstrengungen, die mit dem Aufrechterhalten ihres Lügenkonstrukts einhergehen, nicht mehr aushalten. Wenn Sie im Gespräch Druck aufbauen möchten, dann tun Sie dies bitte unerwartet und zu einem taktisch klugen Zeitpunkt. So holen Sie sich mit dem Zeitpunkt und dem Überraschungseffekt zwei wertvolle Verbündete.

Wie funktioniert eigentlich ein Lügendetektor?

Diese Frage wird mir auf Vorträgen immer wieder gestellt. Offenbar finden Menschen die Vorstellung spannend, mittels einer Lügenmaschine, in der Fachsprache Polygraph genannt, quasi die wahren Gedanken anderer Menschen zu lesen. Zudem ranken sich um den Lügendetektor auch zahlreiche Mythen und Legenden, die sich im Laufe der Jahrzehnte im Volksglauben verfestigt haben. Ich möchte, dass Sie, lieber Leser, über eine breite Kompetenz in der Lügenentlarvung verfügen, und daher stellt die Kenntnis über die Funktionsweise des Lügendetektors einen wichtigen Schulungsinhalt dar. Vor allem auch deshalb, weil diese Kenntnis ein wichtiges Puzzlestück ist, um zu erkennen, wie wertvoll und weitreichend das Wissen ist, das Sie in dieser Buchreihe vermittelt bekommen. Um eines gleich vorwegzunehmen: Der forensische Befragungstaktiker ist jeder Lügendetektormaschine weit überlegen. Warum das so ist, klären wir in diesem Kapitel.

Der Polygraph misst fünf verschiedene Körperreaktionen:

1. Brustatmung,
2. Bauchatmung,
3. Hautleitfähigkeit,
4. Blutdruck sowie
5. Fingerpulsvolumen.

Die Theorie hinter der Anwendung von Polygraphen ist, dass der Befragte von seinem Normalverhalten abweichen wird, wenn man ihn mit bestimmten Reizen konfrontiert (z. B. tatrelevanten Fragen und Beschreibungen oder Gegenstände, die für die Tat eine Rolle gespielt haben). Das ist zweifellos richtig, wie Sie ja bereits wissen, und daher nicht zu beanstanden. Jetzt kommt allerdings der

Knackpunkt: Bei der Wahrnehmung der Abweichungen beschränkt sich der Lügendetektor lediglich auf die Wahrnehmung oben genannter fünf Punkte. Hinweise auf Falschaussagen sollen sich dadurch ergeben, dass die Atemtiefe und/oder -frequenz beim Lügner abnehmen und seine Atmung insgesamt flacher wird. Aufgrund gesteigerter Schweißdüsenaktivitäten nimmt die Hautleitfähigkeit deutlich zu. Ebenso steigt der Blutdruck. Die Durchblutung im Finger nimmt gleichzeitig ab. Wir haben gelernt, dass sich Abweichungen vom Normal-verhalten in mannigfacher Ausprägung zeigen, beispielsweise über die verschiedenen Körperteile und über Inkongruenzen dieser Körperteile zueinander. oder im Kontext zum gesprochenen Wort, das Auftreten von Urinstinkten, Beruhigungsgesten, ideomotorische Bewegungen oder auch die zahlreichen kognitiven Indikatoren der Lügenerkennung, von denen Sie bereits eine große Anzahl in den ersten beiden Buchbänden kennengelernt haben. Beim Lügendetektortest werden aber nur lediglich fünf verschiedene Körperreaktionen gemessen und ins Verhältnis zum Normalwert gestellt. Hierbei werden dem Befragten zunächst einmal harmlose Vorgesprächsfragen im Sinne eines Small Talks gestellt oder es werden einfach Dinge erfragt, die der Befragte als für sich ungefährlich interpretiert. Dabei ist der Befragte bereits an das Gerät angeschlossen und die fünf Körperreaktionen werden im Normalzustand gemessen, was dem Nullwert entspricht.

Bei den tatrelevanten Fragen wird dann die Höhe der Abweichung vom Normalzustand gemessen und daraus werden Rückschlüsse gezogen.

Die Grundüberlegungen der Lügendetektoranwendung sind natürlich völlig richtig und Sie haben sicherlich bereits festgestellt, dass mein Befragungssystem vergleichbare Grundzüge aufweist. Allerdings beschränkt sich das Marco Löw Befragungssystem© nicht lediglich auf die Wahrnehmung fünf isolierter Körperreaktionen, sondern wird von einer ganz anderen Bandbreite getragen. Ein guter Lügner ist nämlich sehr wohl in der Lage, einzelne Körperreaktionen zu kontrollieren. An der gesamten Bandbreite, die sich in meinem Befragungssystem sowohl aus den vielfältigen Möglichkeiten der Körpersprache und Körperreaktionen als auch den 102 kognitiven Indikatoren ergeben, wird er allerdings scheitern. Denn dies ist kognitiv selbst für den besten Lügner nicht zu leisten.

Und genau das ist eines der Hauptprobleme des Lügendetektors. Er ist mit und ohne Training manipulierbar und nicht genau genug, um als Beweismittel vor einem deutschen Strafgericht zugelassen zu werden. Die Befürworter des Lügendetektortests haben jahrzehntelang versucht, ihn vor Gericht als Beweismittel zugelassen zu bekommen, bis heute vergeblich. Letztmalig lehnte der Bundesgerichtshof (BGH) am 17.12.1998 den Polygraphen als

Beweismittel aufgrund fehlender Verlässlichkeit der Ergebnisse ab. Dieser Entscheidung waren über die Jahrzehnte schon mehrere Anträge vorausgegangen. Selbst vor den wesentlich weniger strengen Zivilgerichten ist er nur in ganz wenigen Einzelfällen zugelassen und dann auch nur als Indizgeber und nicht als Beweismittel. Der Polygraph spielt in der deutschen Gerichtsbarkeit so gut wie keine Rolle. Selbst in den USA, dem Land mit der größten Lobby und Verbreitung des Lügendetektors, werden seine Ergebnisse vor Gericht als Beweismittel meist nicht anerkannt.

Die Grundannahme, ein Lügner sei während der Lüge nervös, weil er bei jeder falschen Aussage Gefahr läuft, widerlegt und überführt zu werden, ist zwar richtig, nicht aber die Schlussfolgerung, jeder Mensch zeige die gleichen Verhaltensweisen und Körperreaktionen beim Lügen. Auch deswegen kann eine Beschränkung auf fünf Körperreaktionen nicht als ausreichend angesehen werden. Es gibt Menschen, die leicht schwitzen, und es gibt Menschen, die stark schwitzen. Ich selbst konnte im Alter von ungefähr 20 Jahren mehrere Stunden bergsteigen, ohne dass sich irgendwo sicht- oder fühlbar Schweißabsonderungen gebildet hätten, während einige meiner Freunde schon nach den ersten Metern schwitzten. Allerdings bekam ich bis etwa Mitte 20 bereits bei leichten Anspannungen feuchte Hände und zwar unabhängig vom Lügen.

Heute bin ich froh, dass dies längst der Vergangenheit angehört, denn selbst wenn ich noch so stark lügen würde, meine Hände und Finger blieben trocken. Und es gibt viele Menschen, die bei Lügen weder erhöht transpirieren, noch ihren Blutdruck oder ihre Atmung ändern. Dafür verraten sie sich aber anhand anderer Warnsignale beim Lügen, die vom Lügendetektor nicht erfasst und gemessen werden. Bei militärischen Eliteeinheiten werden bestimmte Einsatzgruppen, wie beispielsweise Kampfschwimmer, darin trainiert, ihre Atmung und ihren Blutdruck gezielt zu kontrollieren, da diese Fähigkeit bei verschiedenen Einsatzarten eine notwendige Voraussetzung darstellt. Obwohl die Strafgerichte in den USA den Lügendetektor als Beweismittel meist nicht zulassen, ist er doch bei amerikanischen Polizeieinheiten zur Indizienfindung häufig im Einsatz. Unter Kriminellen kursieren daher Tipps zur Überlistung eines Lügendetektors. Aber auch von staatlicher Seite finden solche Schulungen statt. So schulen die amerikanischen Geheimdienste ihre Mitarbeiter darin, Lügendetektoren zu überlisten, um so keine Geheimnisse zu verraten, sollten sie in feindliche Hände fallen. Ein weiterer wesentlicher Aspekt, der dem Lügendetektortest fehlt, ist die Gesprächsdynamik. Bei einem Lügendetektortest werden im Sinne eines Fragenkatalogs nach und nach einzelne Fragen gestellt und deren Ergebnis ausgewertet. Um aber Gesprächspartner in ihrer Argumentation widerlegen oder der Lüge überführen zu können, spielt die Gesprächsdynamik eine wichtige Rolle. Ein guter forensischer Befrager sorgt durch seine Gesprächsführung dafür, dass das Gespräch ständig im Fluss bleibt und der Befragte durch ständiges Reden und Argumentieren nicht in der Lage ist, Lügenkonstrukte zu durchdenken. Dies erschwert er dem Befragten durch zusätzliche Maßnahmen, beispielsweise durch solche Fragen, die quer durch den Sachverhalt gehen oder an unerwarteter Stelle vertieft werden.

Kognitive Probleme von lügenden Gesprächspartnern

1. Denkzeitproblematik
2. Ordnungsproblematik
3. Balanceproblematik
4. Merkfähigkeitsproblematik
5. Konzentrationsfähigkeitsproblematik
6. Plausibilitätsproblematik
7. Emotionsproblematik
8. Wirkungskontrolle
9. Problematik der Konstruktion von Sinneswahrnehmungen
10. Problematik der positiven Selbstdarstellung

11. Überblicksproblematik
12. Fehlende Bilder
13. Denkzeitaktualität
14. Wissensfehler
15. Egoproblematik
16. Prägungsproblematik
17. Motivationsproblematik

Merke:

Die kognitive Anforderung an einen Lügner ist so hoch, dass ihm kaum noch Kapazitäten bleiben, um seine Aussagen widerspruchsfrei, detailliert und glaubhaft zu halten. Lügen ist kognitive Schwerstarbeit!

1.Denkzeitproblematik

Lügner brauchen für die Konstruktion einer Lüge spürbar mehr Denkzeit als wahrheitsgemäß Aussagende, die ihre Informationen lediglich aus ihrem Gedächtnis abrufen müssen. Diese kognitive Problematik hat in Gesprächsverläufen sehr viele unterschiedliche Auswirkungen. Beispielsweise kann sich die Denkzeitproblematik sowohl auf die Antwortzeiten als auch auf die Sprechgeschwindigkeit auswirken. Besonders problematisch sind für Lügner unvorhergesehene Fragen, deren Beantwortung massive

Rechen- und Verarbeitungskapazitäten des Gehirns benötigen. Auch der Argumentationsaufbau des Gesprächspartners ist bei falschen Aussagen von der Denkzeitproblematik betroffen.

2.Ordnungsproblematik

Lügner, welche die Möglichkeit haben, ihre falschen Aussagen entsprechend vorzubereiten, können dadurch der Denkzeitproblematik unter Umständen entkommen, da sie bei intensiver Vorbereitung ihre zurecht gelegten Lügen ebenfalls aus dem Gedächtnis abrufen können. Dies nützt ihnen jedoch auch nicht viel, wenn sie einem in forensischer Gesprächstechnik geschulten Gesprächspartner gegenübersitzen. Denn um der Denkzeitproblematik zu entgehen und sich nicht in Widersprüche zu verstricken, müssen Lügner während ihres gesamten Berichtes ihr vorbereitetes argumentatives Konstrukt beibehalten,. Diesen roten Faden hat der wahrheitsgemäß Aussagende freilich nicht nötig, da er seine Informationen jederzeit aus dem Gedächtnis abrufen kann und sich nichts künstlich merken muss. Wenn nun aber der Gesprächspartner den Befragten durch seine Gesprächstaktik zwingt, von seinem Konstrukt abzuweichen, indem er ihn beispielsweise kreuz und quer durch den Sachverhalt befragt, bricht das vorbereitete Konstrukt sehr schnell zusammen. Der Befragte findet sich wieder mit den kognitiven Problemen der Denkzeitproblematik konfrontiert und wird sich im Regelfall auch ziemlich schnell widersprechen. Sprunghafte Gedankengänge stellen für glaubhaft argumentierende Personen kein Problem dar, wohl aber für Lügner.

3.Balanceproblematik

Um glaubhaft zu wirken, ist ein Lügner darauf angewiesen, während der gesamten Gesprächsdauer Contenance zu bewahren. Diese stellt ihn jedoch vor große Probleme. Die größte Angst eines Lügners ist es, sich zu widersprechen, dass ihm die Lüge nicht geglaubt wird oder der Gesprächspartner ihn widerlegen kann. Daher befindet sich der Lügner in ständiger innerer Anspannung und Konzentration. Trotzdem müsste es ihm gelingen, während der gesamten Gesprächsdauer keine Auffälligkeiten zu zeigen, die auf seine Nervosität hinweisen. Beispielsweise müsste er die Tonlage, die Tonhöhe und die Sprechgeschwindigkeit ständig ausgeglichen halten. Besonders schwierig wird dies aber, sobald der forensisch geschulte Gesprächsführer unvorhergesehene Fragen einbringt oder dem Lügner direkt oder indirekt zu erkennen gibt, dass er ihm nicht glaubt. Trotz alledem darf sich der Lügner nicht aufregen oder verspannen, denn dies wäre für seinen geschulten Gesprächspartner sofort wahrnehmbar. Außerdem sehen sich Lügner oft veranlasst, die Glaubhaftigkeit ihrer Aussage stärker betonen zu müssen, als dies bei wahrheitsgemäß Vortragenden der Fall ist. Dadurch entsteht ein wahrnehmbares Balanceproblem. Ein weiteres Problem stellt sich dem Lügner, in dem er ständig darauf achten müsste, Inkongruenzen zu vermeiden.

4.Merkfähigkeitsproblematik

Jeder Mensch verfügt nur über eine begrenzte Merkfähigkeit, der Lügner macht da keine Ausnahme. Der berühmte Psychologe Hermann Ebbinghaus hat in seinen Forschungen und anhand seiner Vergessenskurve nachgewiesen, dass wir bereits nach 20 Minuten einen großen Teil von neu aufgenommenen Informationen wieder vergessen haben. In komplexen und längeren Gesprächsverläufen kommt die Merkfähigkeitsproblematik des Lügners zum Tragen. Der Lügner ist schlichtweg nicht in der Lage, sich auf Dauer eine Vielzahl falscher Angaben zu merken, wobei erschwerend hinzukommt, dass jede falsche Aussage wieder weitere falsche Aussagen nach sich zieht. Der Lügner ist ständig in Gefahr, sich aufgrund von vergessenen Angaben selbst zu widersprechen. Er muss deswegen die zu speichernden Informationen möglichst gering und inhaltsarm halten, um einerseits nicht den Überblick zu verlieren und andererseits sich alles merken zu können, sowie sich nicht zu widersprechen. Daher ist er darauf angewiesen, seine falschen Antworten kurz und detailarm zu halten.

Der professionelle Gesprächsführer kann mit der Wiederholungsfragentaktik (vgl. Band 1, Seite 88) schnell und einfach prüfen, ob die Merkfähigkeitsproblematik bei seinem Gesprächspartner vorliegt.

5.Konzentrationsfähigkeitsproblematik

Der Lügner muss sich während des gesamten Gespräches permanent konzentrieren, um keine taktischen Fehler zu begehen und sich nicht durch ungeschickte Aussagen zu verraten. Dadurch stellen sich ihm eine ganze Reihe von Hindernissen. Durch die ständige Konzentration tritt bei ihm vorschnell ein Ermüdungszustand ein, der dann wiederum dazu beitragen kann, dass er ungünstige Aussagen macht, die ihn verraten können. Ferner darf er sich seine Konzentration aber auch nicht anmerken lassen, sei es nonverbal (z. B. durch Stirnfalten) oder verbal. Hier korrespondiert dieses kognitive Problem mit der Balanceproblematik. Durch die ständige Konzentration besteht jedoch eine starke Fokussierung des Lügners auf seine eigenen Argumente. Er verliert dadurch Flexibilität in der Gesprächsführung und überhört oder übersieht auch leicht taktische Schachzüge und Auffälligkeiten des Gesprächsführers, die sich beispielsweise aus dem Gesprächsaufbau, der Argumentationstaktik, der Beweisführungskette oder, bei nicht ganz sattelfesten Gesprächsführern, aus der Körpersprache ergeben. Versuchen Sie sich mal längere Zeit unauffällig zu konzentrieren; Sie werden schnell merken wie schwer das ist.

6.Plausibilitätsproblematik

Damit es einem Lügner gelingt, glaubwürdig zu klingen, müssen seine falschen Aussagen ständig plausibel bleiben. Mehrere falsche Aussagen müssen schlüssig zueinander passen wie bei einem Puzzlespiel. Sobald dem Lügner widersprüchliche Aussagen dritter Personen vorgehalten werden, muss er dieses plausibel widerlegen können. Dabei stellen sich ihm jedoch sofort wieder eine Reihe von weiteren kognitiven Problemen, beispielsweise die Denkzeitproblematik, die Balanceproblematik und die Ordnungsproblematik.

7.Emotionsproblematik

Aussagen werden oftmals begleitet von einer emotionalen Komponente. Das fragliche Ereignis war beispielsweise besonders traurig oder aber Gefühle wie Neid, Rache, Eifersucht oder persönliche Verletzungen spielten dabei eine Rolle. Aussagen zu emotionalen Begebenheiten lösen während des Sprechens emotionale Reaktionen aus, zu beobachten vorwiegend an der Gesichtsmimik, den Augen oder den Mundwinkeln. Sehr schwierig ist es hingegen, Emotionen künstlich vorzutäuschen, da emotionsbedingte

Mimikreaktionen durch eine Reizübertragung im Gehirn automatisch und unbewusst ausgelöst werden. Damit nicht zu verwechseln sind künstliche, jedoch bewusst gesteuerte Reaktionen wie das falsche Lächeln oder künstliches Weinen. Fehlen allerdings angemessene und zu erwartende Emotionen im Rahmen von Schilderungen, ist dies wiederum sehr auffällig.

8. Problematik der Wirkungskontrolle

Um glaubwürdig zu bleiben, ist es für Lügner von großer Wichtigkeit, dass ihnen der Gesprächspartner ihre Lüge abnimmt. Lügner müssen daher ständig kontrollieren, ob eine Lüge geglaubt wurde oder nicht. Gelingt es ihnen nicht, tritt rasch eine erkennbare Verunsicherung ein. Ein fortgeschrittener forensischer Befrager wird bereits zur Kenntnis nehmen, dass sich der Lügner unmittelbar nach seiner Lüge plötzlich auf die verbalen sowie nonverbalen Äußerungen des Gesprächsführers fixiert. Gelingt es dem Lügner jedoch, seinen Gesprächspartner zu lesen, so erfolgt im Anschluss zumeist eine unbewusste Geste oder Mimik der Erleichterung, oder sogar des Triumphes (vgl. Band 1, Seiten 53 ff.). Auch in diesem Fall wird der geschulte Gesprächspartner davon Notiz nehmen und im Optimalfall mit leicht manipulativen Mitteln (z. B. einer täuschenden Körpersprache) kontern.

9. Problematik der Konstruktion von Sinneswahrnehmungen

Der Mensch nimmt Ereignisse oft mit allen Sinnen gleichzeitig wahr. Es ist sehr schwer, Sinneswahrnehmungen, die außerhalb des Gehörten und Gesehenen liegen, glaubhaft zu konstruieren (z. B. Berührungen, Gerüche, Körperempfinden). Meist beschränken sich Lügner daher auf visuelle und auditive Schilderungen.

10. Problematik der positiven Selbstdarstellung

Um nicht in den Kreis der Verdächtigen zu gelangen oder aus diesem ausgeschlossen zu werden, vermeiden Lügner jedwede negative Aussage, die sich auf sie selbst bezieht und die ihre Reputation schädigen könnte. Spontane Korrekturen, Selbstvorwürfe oder ein kritisches Hinterfragen der eigenen Handlungsweise („Hätte ich etwas besser machen können?“) sind daher selten, ganz im Gegensatz zu wahrheitsgemäß aussagenden Personen.

11. Überblicksproblematik

Lange und/oder komplexe Gesprächsverläufe stellen den Lügner vor das Problem, den kompletten Gesamtüberblick zu behalten. Da er im Gegensatz zu einer wahrheitsgemäß aussagenden Person viel zu befürchten hat, muss er nicht nur seine Argumentation im Gesamtkontext schlüssig, widerspruchsfrei und glaubhaft halten, sondern auch versuchen, die taktische Vorgehensweise seines Gesprächspartners zu erkennen, um seine eigene Argumentation darauf abzustellen. Allein diese kognitive Problemstellung bindet enorm viel Gehirnkapazität.

12. Fehlende Bilder

Beim Erinnerungsprozess erscheinen Bilder im Kopf. Diese Bilder sind komplex und schließen eine große Menge an Informationen mit ein, die für den wahrheitsgemäß Aussagenden jedoch leicht abrufbar sind. Er kann seine Erinnerungen, sofern sie nicht schon sehr lange zurückliegen, wie einen inneren Film ablaufen lassen und diesen Film je nach Bedarf vor- oder zurückspulen. In diesem Film sieht er die örtlichen Gegebenheiten und die handelnden Personen. All dies fehlt einem Lügner jedoch, der bei Lügenkonstrukten nur Bilder ähnlicher, aber nicht passgenauer Erfahrungen abrufen kann. Dadurch ergeben sich zwangsläufig viele Abweichungen, die der Lügner kaum ausgleichen kann. Diese Abweichungen können bei guter Gesprächsführungstaktik schnell die Basis für Widerlegungen bilden.

13. Denkzeitaktualität

Ein weiteres kognitives Problem von Lügnern ist die Denkzeitaktualität. Der Lügner zieht es vor, sich mit seinen Aussagen in der Gegenwart des Gesprächsverlaufes zu bewegen, andernfalls verliert er schnell den Faden und macht sich angreifbar. Eine geschickte Befragungsführung lenkt den Lügner jedoch in Gedanken immer wieder entweder in die unmittelbare Vergangenheit („Was wollte der Befrager mit dieser Frage bezwecken?“, „War meine Antwort gut?“ oder „Hat er mir meine Lüge abgenommen?“) oder in die unmittelbare Zukunft. Dadurch kann der Interviewer seinem Gesprächspartner seine eigene Taktik aufzuzwingen, ihn manipulieren und sogar erreichen, dass der Lügner sich verplappert und beispielsweise gegen Vorwürfe verteidigt, die noch gar nicht im Raum standen.

14. Wissensfehler

Wissensfehler stellen den Lügner vor große Probleme. Der Lügner kann nie genau wissen, welche und wie viele Informationen der Interviewer über ihn und den gegenständlichen Sachverhalt in der Hand hat. Dennoch muss er es vermeiden, sich in Widersprüche zu verstricken oder ungünstig zu argumentieren. Um flexibel zu bleiben und sich Schlupflöcher zu schaffen, mit denen er sich unter Umständen aus einer Falle befreien kann, muss er Festlegungen vermeiden. Da der Lügner spontane Lügen aus seiner Allgemeinbildung heraus konstruieren muss, wird er ferner mit seinen eigenen Bildungsmängeln und Irrtümern konfrontiert, die er zwangsläufig haben muss, da kein Mensch über eine perfekte Allgemeinbildung und stets aktuelle Informationen verfügt.

15. Egoproblematik

Manche Täter rechtfertigen ihre Tat mithilfe verschiedener Rechtfertigungsdenkweisen (vgl. Band 1, Seiten 124 ff.) stets vor sich selbst und neigen dazu, dies auch anderen gegenüber bewusst oder unbewusst zu tun. Werden solche Täterpersönlichkeiten – sofern sie bisher unauffällig geblieben sind – über die Tat und den Täter befragt, so werden sie sich dazu in anderer Weise äußern, als dies ein Unschuldiger tun würde. Lügner und Täter streben in besonderer Weise danach, sich selbst zu entlasten bzw. andere Personen zu belasten, um von sich selbst abzulenken. Wird einem Lügner eine Lüge geglaubt, baut sich in diesem schnell ein Gefühl der Überlegenheit und Unangreifbarkeit auf. Es gibt viele individuell bedingte Egoprobleme und allen ist gemeinsam, dass sie ein Teil der Persönlichkeit des Lügners sind und daher nur schwer von diesem zu beeinflussen sind.

16. Prägungsproblematik

Die Persönlichkeit eines jeden Menschen wird geprägt durch die individuell gemachten Erfahrungen, die inneren Einstellungen und Geisteshaltungen. Diese Faktoren bedingen die Einstellung zu dem gegenständlichen Ereignis und spielen bei Lügenkonstrukten alle eine Rolle. Beispielsweise fällt es Menschen schwer, sich vorzustellen, wie andere Menschen denken, fühlen und handeln, zumal wenn sie nicht dem gleichen gesellschaftlichen oder beruflichen Stand angehören.

Lügner in Form von Hochstaplern oder Agenten sind besonders gut durch idiosynkratische Auffälligkeiten zu entlarven. Idiosynkrasie bezeichnet die typischen Verhaltensweisen einer Person, die maßgeblich durch Prägung, Veranlagung und persönliche Interessen geprägt ist. Sicherlich ist Ihnen das Beispiel geläufig, dass man im Ausland sehr schnell als Tourist entlarvt wird, selbst wenn man einem ähnlichen Menschenschlag angehört, kein Wort spricht und sich landestypisch kleidet. Eine einzige untypische Geste oder Ausdrucksweise reicht schon aus, damit man als Tourist erkannt wird. Gleiches gilt auch für die Sprache, selbst innerhalb einer Sprachgemeinschaft. Perfektes Hochdeutsch wird wohl nirgends gesprochen, irgendwelche individuelle Auffälligkeiten in der Betonung oder Wortwahl weist jeder Deutschsprachige auf. In der Zeit des

Kalten Krieges wurde so mancher DDR-Spion vom westdeutschen Bundesnachrichtendienst enttarnt, weil er sich zum Beispiel in einer Wirtschaft einen Broiler anstatt eines Brathähnchens bestellte. Jeder Mensch hat auch besondere Präferenzen und Schwächen in der Rechtschreibung, was Schriftstücken quasi eine Art schriftlichen Fingerabdruck verleiht. Auch verhalten sich ein (unerkannter) Täter und ein (unschuldiger) Zeuge in einer Befragungssituation niemals gleich. Die Prägungsproblematik ist daher ein kaum zu überwindendes kognitives Problem eines jeden Lügners.

17. Motivationsproblematik

Ein guter forensischer Befrager ist fast immer in der Lage, die Motivation seines Gesprächspartners zu erkennen, zeigt sie sich doch auf so vielfältige Weise. Man merkt sehr schnell, ob ein Gesprächspartner bestimmte geistige Gesinnungen erkennen lässt, ob er Be- oder Entlastungseifer zeigt, ob er bewusst oder unbewusst Rechtfertigungsargumente vorbringt, ob er mithelfen will, den Sachverhalt zu klären, ob er Fragen ausweicht oder aber ob er Tatmotive oder Integritätsschwächen erkennen lässt. Da sich Motivationslagen in so vielfältiger und unterschiedlicher Weise äußern, ist es dem Lügner kaum möglich, diese während des Gespräches auf Dauer zu verbergen.

Ausblick: Zukunftsvisionen für die Lügenentlarvung

In der Fachwelt wird derzeit ein Verfahren zur Glaubhaftigkeitsprüfung von Aussagen diskutiert, das als „Brain Fingerprint“ bekannt ist. Mittels Elektroenzephalografie (EEG) werden sogenannte P-300-Wellen gemessen. Bei der EEG werden durch am Kopf befestigte Elektroden elektrische Aktivitäten des Gehirns durch Aufzeichnung der Spannungsschwankungen an der Kopfoberfläche gemessen. Bei der P-300-Welle handelt es sich um eine elektrische Hirnaktivitätswelle, die für einige hundert Millisekunden auftritt. Auslöser dieser Welle ist ein Reiz, der im Zusammenhang mit Informationen steht, die bereits zuvor im Gedächtnis gespeichert wurden. Die Glaubhaftigkeitsprüfung soll so funktionieren, dass ein Auftreten der Welle den Nachweis erbringt, dass der Befragte etwas wiedererkennt, seien es Worte, Bilder oder gar das Tatwerkzeug.

In der praktischen Anwendung soll die Methode so funktionieren, dass der Befragte mit drei verschiedenen Reizen konfrontiert wird. In der ersten Variante handelt es sich dabei um einen Stimulus, der in Verbindung mit dem gegenständlichen Sachverhalt, also der Tat, steht, aber dem Befragten nicht bekannt sein dürfte, falls er mit der Tat nichts zu tun hat. Bei Variante 2 tritt ein Reiz in Beziehung zu dem gegenständlichen Sachverhalt auf, der dem Befragten bekannt ist, da er hierüber bereits Informationen besitzt, beispielsweise durch vorangegangene Befragungen, Auskünfte, Pressemeldungen o. Ä. In der dritten Variante schließlich werden Stimuli verwendet, die mit dem gegenständlichen Ereignis absolut nichts zu tun haben. Der Befragte wird mit allen drei Varianten konfrontiert. Dies geschieht so, dass der Befragte an einem Gerät per Knopfdruck angeben soll, ob ihm die jeweiligen Reize, also beispielsweise bestimmte Wörter, Bilder, oder Tatwerkzeuge bekannt vorkommen. Erkennt der Befragte einen Reiz wieder, so tritt eine P-300-Welle in Erscheinung, die wiederum von den Messgeräten erfasst und dokumentiert wird. Diese gemessene Reaktion auf die Bekanntheitsvariante soll sich dann von den anderen beiden deutlich unterscheiden. Diese Methode ist wissenschaftlich allerdings sehr umstritten und weist auch einige grundlegende Schwächen auf, selbst wenn sie eines fernen Tages zuverlässig funktionieren sollte.

Selbst wenn die Methode tatsächlich funktionieren sollte, so sagt sie nichts darüber aus, auf welchem Wege der Befragte zu seinem Wissen gelangt ist. Es kann also nicht unterschieden werden, ob es sich bei dem Befragten um einen Täter oder einen Zeugen handelt. Ein weiteres Problem betrifft das deutsche Strafrecht. Zunächst einmal wäre die Frage zu klären, ob es sich bei dem Nachweis anhand des „Brain Fingerprint“ um einen Sachbeweis oder einen Personenbeweis handelt. Sollte es sich in der rechtlichen Bewertung um einen Personenbeweis, also um eine Aussage handeln, dann wirft dies wiederum eine Reihe rechtlicher Fragestellungen bei juristischen Verfahren auf, beispielsweise hinsichtlich der Belehrungspflicht oder des Aussageverweigerungsrechts. Denn in einem Strafverfahren müssen Zeugen und Beschuldigte vor Vernehmungsbeginn unterschiedlich belehrt werden und haben unterschiedliche Rechte, was die Aussageverweigerung betrifft. Die Anwendung der Methode würde folglich den Schutz von Zeugen und Verdächtigen im Strafverfahren untergraben, weil kein Verdächtiger bzw. Beschuldigter verpflichtet ist, sich selbst zu belasten.

Letztlich ist die Methode meines Erachtens nach ebenso wenig geeignet, um Lügen sicher zu entlarven, wie der Lügendetektor. Aufgrund der vielen mit der Methode einhergehenden praktischen, theoretischen und rechtlichen Probleme ist nicht zu erwarten, dass dieses Verfahren in absehbarer Zeit in deutschen Straf- oder Zivilprozessen zur Anwendung kommt. Aufgrund des Aufwandes und der vielen offenen Frage- und Problemstellungen ist eine solche Anwendung gleichermaßen in Unternehmen der freien Wirtschaft unwahrscheinlich.

Allerdings könnte das Verfahren in einer weiter entfernten Zukunft durch den technischen Fortschritt so optimiert werden, dass es bei der Wahrheitsfindung ein wertvolles Hilfsmittel darstellt. Bis dahin müssen wir uns aber noch die Mühe machen, Wahrheitsfindungen und Glaubhaftigkeitsprüfungen mittels Wahrnehmung und Gesprächstaktiken zu erreichen.

Ein weiteres sehr interessantes Zukunftsprojekt ist die Wahrheitsfindung mittels der funktionellen Magnetresonanztomographie (FMRT), im Englischen auch als *functional magnetic resonance imaging (FMRI)* bezeichnet. Hierbei handelt es sich um ein bildgebendes Verfahren, bei dem mittels eines Hirnscans die physiologischen Funktionen im Körperinneren dargestellt werden können. Neben der Schuldfrage stellt sich natürlich in jedem Gerichtsverfahren auch die Frage der Schuldfähigkeit. Der FMRT-Scan, auch als Neuro-Imaging bezeichnet, soll hier zur Aufklärung beitragen. Neurowissenschaften befassen sich naturgemäß mit den physiologischen Grundlagen des menschlichen Wahrnehmens und Handelns, sowie mit den Fähigkeiten des Kommunizierens und Erinnerns. Daher ist es von der Grundüberlegung her alles andere als abwegig, neurowissenschaftlichen Erkenntnissen und Methoden eine Relevanz für die Wahrheitsfindung und somit auch für die deutsche Gerichtsbarkeit zuzugestehen.

Einige Neurowissenschaftler vertreten die Überzeugung, dass wir unsere konventionellen Vorstellungen über Schuld und Schuldfähigkeit grundlegend überdenken müssen, da der freie Wille nach hergebrachter Denkweise so nicht existiere. Beispielsweise könnte eine Schädigung des Gehirns etwa durch eine Missbildung oder Kopfverletzung vorliegen, welche die Schuldfähigkeit des betreffenden Menschen infrage stellt oder sein Handeln zumindest in einem völlig neuen Licht erscheinen lässt. Beispielsweise kann der Teil des Gehirns, der für Empfindungen wie Reue, Mitleid oder Liebe zuständig ist beschädigt sein, was dann zwangsläufig auch die Handlungsweisen des betroffenen Menschen beeinflusst. Bislang wird von Gerichten und Gutachtern primär aus den Verhaltensweisen eines Menschen auf dessen Schuldfähigkeit geschlossen. Denn mittels Fragetechniken können zwar die Motivationen für eine bestimmte Handlungsweise oder auch die intellektuellen Fähigkeiten des Betroffenen ermittelt werden, nicht aber abschließend dessen Schuldfähigkeit geklärt werden. Durch das Neuro-Imaging soll es möglich werden, die Schuldfähigkeit, sowie vorliegende geistige Störungen aus dem Gehirn regelrecht ablesen zu können, anstatt lediglich aufgrund von Handlungsweisen und Angaben Rückschlüsse auf die Schuldfähigkeit und geistige Störungen zu ziehen. Quasi eine Art Gedankenlesen mit Hilfe eines technischen Hilfsmittels. Eine andere Anwendung des FMRT-Scans soll zur Glaubhaftigkeitsprüfung von Aussagen beitragen. Die dahinterstehende Theorie ist, dass Lügner zur Aufrechterhaltung und Konstruktion von Unwahrheiten eine erhöhte Hirnaktivität aufweisen, weil Lügen mental anspruchsvoller ist, als die Wahrheit zu sagen. Überdies werden Überlegungen angestellt, den FMRT-Scan auch für die Messung des individuellen Schmerzempfindens von Opfern zu verwenden, um auf dieser Grundlage Schmerzensgelder einzelfallbezogen festzulegen.

Es gibt diesbezüglich jedoch auch eine ganze Reihe von Problemen. Nicht jeder Mensch weist die gleichen hirnphysiologischen Reizverarbeitungen oder Reaktionen auf Reize auf. Die normale Hirnaktivität, die bei einem bestimmten Empfinden oder Handeln vorhanden ist, wird bislang aus einem Durchschnittswert gebildet, der aus der Auswertung einer großen Zahl an individuellen Hirnscans resultiert. Dies ist aber beispielsweise für ein Gerichtsverfahren nicht brauchbar, weil es dort auf die individuellen Reaktionen der betreffenden Personen ankommt. Verschiedene Experimente aus der Gehirnforschung haben gezeigt, dass individuelle Hirnscans von den ermittelten Durchschnittswerten einer Gruppe oft erheblich abweichen. Auch ist derzeit noch unklar, ob und inwiefern sich vorgestellte Schmerzen und real erlebte Schmerzerfahrungen im Gehirnscan unterscheiden lassen, was wiederum für die Frage relevant ist, inwieweit das Ergebnis manipulierbar wäre. Zusammenfassend lässt sich sagen, dass der deutsche Ethikrat im Jahre 2009 eine Anwendungseignung für das deutsche Strafprozessrecht aufgrund der bestehenden wissenschaftlichen Probleme, Tests aus Studien in die Realität zu übertragen und Hirn-scans korrekt zu interpretieren, bezweifelt hat. In einigen Jahrzehnten könnte aufgrund des technischen Fortschritts eine Neubewertung dieses Verfahrens für die Beurteilung von Wahrheit, Schuld und Schmerzempfinden angemessen sein.

Nachwort und Ausblick auf die weitere Buchreihe

Herzlichen Glückwunsch, nun haben Sie durch die Lektüre des zweiten Bandes ihr Wissen in forensischer Gesprächstaktik und Glaubwürdigkeitsbeurteilung nochmals um ein deutliches Maß erweitert. Um dieses Wissen wirklich automatisiert abrufen zu können, darf ich Sie analog zum ersten Band dazu ermuntern, dieses Buch mehrmals durchzuarbeiten, um sich den Lernstoff nach und nach systematisch zu erarbeiten. Sie wissen ja, dass Nachdenken meist nicht nur Zeit, sondern auch die Souveränität in der Gesprächsführung kostet. Daher ist es notwendig, den Stoff so zu vertiefen, dass Sie ihn jederzeit automatisch abrufen können.

Wie so oft gilt auch hier der altbekannte Spruch, dass

die Götter vor den Erfolg den Schweiß gesetzt haben. Wenn Sie jetzt allerdings der Meinung sein sollten, schon alles Wichtige über forensische Interview- und Wahrnehmungstechniken zu wissen, so muss ich Sie enttäuschen. Sobald Sie sich auch dieses Buch intensiv erarbeitet haben, verfügen Sie über ein sehr solides Grundwissen, welches in meinem System in etwa der Mittelstufe entspricht. Sie haben es aber zweifellos bereits geschafft, die Tür zur Meisterschaft in forensischer Befragungstaktik einen Spalt zu öffnen und einen Blick hinein zu werfen. Nun haben Sie das Schülerstadium hinter sich gelassen und befinden sich auf dem Weg zur Meisterschaft.

Daher heißt es jetzt keinesfalls aufzugeben, ganz im Gegenteil! Jetzt geht es erst richtig los! Wenn es Ihnen einfach nur darum gehen würde, über Gesprächstaktik mehr zu wissen als die meisten anderen, so hätten Sie Ihr Ziel schon längst erreicht. Ich vermute aber, dass es Ihnen jetzt so ergehen wird wie vielen anderen, die der Faszination der forensischen Gesprächstechnik erlegen sind. Sie haben jetzt eine ungefähre Vorstellung davon, wohin Sie diese spannende Reise noch führen könnte und wie hoch die Überlegenheit eines voll ausgebildeten forensischen Befragungstaktikers gegenüber seinen Mitmenschen und Gesprächspartnern einzuschätzen ist. Nicht umsonst gelten forensische Befragungstaktiken als diskret behandeltes Wissensgebiet unter Experten. Dies gilt erst recht für solch ausführliche Darstellungsweisen wie in dieser Buchreihe, die selbst für Experten neu ist, da die Konzeption des Marco Löw Befragungssystems bei weitem ausführlicher und tiefgehender ist als das, was bisher zum Thema in gut informierten Kreisen bekannt war. Sicherlich fragen Sie sich nun, wie viel zusätzliches, spannendes Wissen Sie in der weiteren Buchreihe und meinen Seminaren sowie Einzelcoachings erwartet. Sowohl aus platztechnischen wie auch aus taktischen Gründen kann ich hier nicht alle Thematiken verraten, möchte Ihnen aber doch einen kleinen Ausblick gewähren. Neben der Vermittlung der vollständigen 102 Warn- und Glaubwürdigkeitsindikatoren dürfen Sie sich auf weiteres spannendes und weiterführendes Aufbauwissen bezüglich Wahrnehmungsproblemen und Wahrnehmungstechniken freuen.

Wir haben uns bislang auch noch nicht mit Sonderfällen der Befragung beschäftigt, beispielsweise der Befragung von psychisch labilen oder einfach strukturierten Personen. Ferner reicht es nicht aus, nur theoretische Prinzipien zu vermitteln, sondern es sind auch vielfältige praktische Beispiele und Übungen vonnöten, um die forensische Gesprächs- und Wahrnehmungstechnik auf Alltags-und Sondersituationen des Wirtschaftslebens souverän anzuwenden. Denn nur die theoretische

Kenntnis und das praktische Training von denkbaren Gesprächssituationen (mit unterschiedlichen Ausgangs- und Verlaufslagen) eröffnet Ihnen die Möglichkeit, auf einen gewissen Fundus von Verhaltensmustern zurückgreifen zu können und sich daraus die optimale Taktik für jeden Ihrer persönlichen Einzelfälle abzuleiten. Sehr wichtig ist es auch, dass wir uns noch intensiver mit dem Thema der nonverbalen Körpersprache befassen, denn dieses Thema haben wir im ersten Band nur kurz gestreift und in diesem Band nur in Teilbereichen vertieft. Ebenfalls sehr wichtig und hocheffizient sind die Speed-Methoden des Marco Löw Befragungssystems. Wer nicht bis zum Erscheinen des dritten Bandes warten möchte, sei auf mein Buch Falle Bewerbungsbetrug verwiesen. Dort werden die Grundzüge der Speed-Methode vorgestellt.

Wir Trainer und Seminaranbieter werden gelegentlich von Interessenten gefragt, wie sich die Preisgestaltung der Trainings und Seminare zusammensetzt. Ein wichtiger Punkt wird dabei oft übersehen: Ein Trainer verkauft in den Seminaren nicht bloß seine aufgewendete Zeit, sondern insbesondere sein Wissen. Das Investment in ein Training hat daher sowohl mit der aufgewendeten Zeit des Trainers und der intensiven Seminarvorbereitung zu tun, als auch mit der Exklusivität des gelehrten Wissens.

Als Mitglied der Top-100-Trainer Deutschlands (http://www.trainers-excellence.com) ist natürlich auch meine Preisgestaltung dem Format des Lernstoffes angepasst. Der daraus resultierende Effekt ist, dass ich in der Lage bin, den Empfängerkreis meines vermittelten Wissens in einem Rahmen zu halten, der sicherstellt, dass nur ausgewählte Personen in der Lage sind, das Marco Löw Befragungssystem vollständig zu erlernen. So sorge ich auch dafür, dass das vollständige Wissen um das Befragungssystem nicht in die falschen Hände gerät. Daher werden Sie in dieser Buchreihe sehr tiefgehendes Wissen finden, aber bei Weitem nicht das gesamte Wissen des Marco Löw Befragungssystems. Dies würde ohnehin keinen Sinn ergeben, denn spätestens jetzt sollten Sie anfangen, Ihr theoretisches Wissen durch intensive praxisnahe Trainings zu vertiefen und zu automatisieren und das kann Ihnen ein Buch weder leisten noch abnehmen.

Am 13.09.2011 wurde ich von Bundesgesundheitsminister Daniel Bahr für meine Verdienste um eine sicherere Wirtschaft und in Anerkennung meines Expertenstatus zum Senator des Bundesverbandes für Wirtschaftsförderung und Außenwirtschaft (BWA) ernannt. Dies war und ist mir eine große Ehre. Der BWA berät mit seinen Senatoren Entscheider aus Politik und Wirtschaft und pflegt mit diesen enge Kontakte und persönlichen Austausch.

Es finden regelmäßig in kurzen Abständen BWA-Veranstaltungen statt. Auf der einen oder anderen BWA-Veranstaltung bin ich auch persönlich anzutreffen. Es würde mich freuen Sie auch einmal persönlich kennenzulernen und mich mit Ihnen auszutauschen.

Ich freue mich auf ein Wiedersehen mit Ihnen, sei es in dieser Buchreihe oder persönlich!

Herzliche Grüße,

Marco Löw

SAMMLE ERST DIE FAKTEN,
DANN KANNST DU SIE VERDREHEN, WIE ES
DIR PASST.

Mark Twain

Bisher von Marco Löw erschienen:

Kriminalistische Befragungstaktiken
für die Wirtschaft (Grundlagen).

Gebundene Ausgabe: 220 Seiten
Band 1 - Grundlagen
Verlag: Books on Demand
Auflage: 4. Auflage. (Januar 2013)
Sprache: Deutsch
ISBN-13: 978-3000334177

Falle Bewerbungsbetrug.
Erkennen und vermeiden.

Gebundene Ausgabe: 200 Seiten
Grundlagen
Verlag: Books on Demand
Auflage: 1. Auflage (April 2011)
Sprache: Deutsch
ISBN-13: 978-3000342363

Kriminalistische Befragungstaktiken
für die Wirtschaft (Aufbauwissen).

Gebundene Ausgabe: 252 Seiten
Band 2 - Aufbauwissen
Verlag: Books on Demand
Auflage: 4. Auflage. (April 2013)
Sprache: Deutsch
ISBN-13: 978-3000370984

Notizen

Nutzen Sie das vorliegende Buch als Arbeitsbuch und arbeiten Sie für sich das Buch nochmals durch. Wenn Sie kriminalistische Fragetechniken sicher anwenden können möchten, dann ist es neben dem Lesen dieses Buches auch erforderlich, sich die einzelnen Kapitel und Themen nach und nach zu erarbeiten.